ABHANDLUNGEN DER SÄCHSISCHEN AKADEMIE
DER WISSENSCHAFTEN ZU LEIPZIG

Mathematisch-naturwissenschaftliche Klasse
Band 52 · Heft 1

KURT MOTHES

ÜBER SEKUNDÄRE PFLANZENSTOFFE

Mit 18 Abbildungen

AKADEMIE-VERLAG · BERLIN

1972

Erweiterte Fassung eines Vortrages,
gehalten in der Sitzung vom 7. Dezember 1970
Manuskript eingeliefert am 8. Juni 1971
Druckfertig erklärt am 4. Januar 1972

Erschienen im Akademie-Verlag GmbH, 108 Berlin, Leipziger Straße 3–4

Lizenznummer 202 · 100/567/72
Gesamtherstellung: VEB Druckhaus „Maxim Gorki", DDR-74 Altenburg
Bestellnummer: 2025/52/1 · ES 18 G 2
EDV-Nr.: 761 695 3
5,50
Printed in German Democratic Republic

Seit Beginn meiner wissenschaftlichen Tätigkeit hat die vergleichende Betrachtung der Lebewesen und besonders ihres Stoffwechsels eine wichtige Rolle in meiner eigenen Entwicklung gespielt. Der Grund dafür mag schon früh gelegt sein. Vielleicht war es die Lektüre der DARWINschen Schriften, die mir, dem Schüler, in die Hände kamen, als ich als Helfer der Plauener Stadtbibliothek vieles auch ohne genügendes Verständnis las, was mir aber so fest und lebendig im Gedächtnis blieb, daß sich meine Gedanken später immer wieder auf diese Erlebnisse ausrichteten. Dann kam meine Promotionsarbeit bei WILHELM RUHLAND in Leipzig. Ich beschäftigte mich mit der Rolle der Säureamide im Stoffwechsel der höheren Pflanze und wurde durch die Arbeiten des großen französischen Agrikulturchemikers BOUSSINGAULT mit seiner vergleichenden Betrachtung der Ammoniak-Entgiftung in Tier und Pflanze vertraut. Der damals noch lebende russische Pflanzenphysiologe und Agrikulturchemiker PRJANISCHNIKOW bestärkte durch seine eigenen Arbeiten mein Interesse, und seine Besuche in Deutschland waren für mich eine wesentliche Anregung. Und endlich war es die Begegnung mit WILHELM TROLL, der als Nachfolger von KURT NOACK mein Chef in Halle war. Wenn ich ihm auch nicht in grundsätzlichen Fragen der Naturforschung folgen konnte, war doch für mich seine vergleichend morphologische Methode und seine ungewöhnlich tiefe Bildung ein nachhaltiges, großes und bleibendes Erlebnis, weil in ihm eine die gesamte Persönlichkeit harmonisch erfüllende Gelehrsamkeit verkörpert war.

Früh war ich von der Vorstellung geleitet, daß das Leben eine Einheit sei. Wie diese evolutionistisch zu erklären sei, erschien mit nicht vordringlich. Die Tatsache, daß Zoologen und Botaniker sich wegen der Zugehörigkeit bestimmter Lebensformen zum Tier- oder Pflanzenreich ereifern konnten und Besitzansprüche anmeldeten, bestärkte mich in der Idee, daß es nach einer langen Zeit der oft gewaltsamen Teilung des Reiches des Lebens jetzt zu einer umfassenden Biologie kommen müsse. Und ich verschlang alles, was über ,,Allgemeine Biologie" gedruckt war. Es war mir klar, daß eben das Studium der Verschiedenartigkeit das Verbindende deutlich machen dürfte.

Die Genetik hat uns dann nachdrücklichst gelehrt, daß die Erscheinung der Vererbung bei Tieren und Pflanzen einheitlich geregelt sein dürfte. Und als es dann gelang, dieses Phänomen auch bei Bakterien und sogar Viren (Bakteriophagen) zu studieren, war mit der Geburt der Molekularbiologie auch ein großartiges solides Fundament der ,,Allgemeinen Biologie" geschaffen, die nun wirklich alle Organismen umfaßt, auch die Prokaryoten (Bakterien und Blaualgen), obwohl diese kein dem Zellkern der höheren Organismen (Eukaryoten) vergleichbar organisiertes Gebilde besitzen. Wie die Forschung förmlich im Kreise gehen und auf alte Probleme zurückkommen kann, zeigt die Deutung der Chloroplasten der grünen Pflanzen. Diese Organelle, die in den grünen Blattzellen zu mehreren vorkommen, besitzen genetisch eine Autonomie. Sie vermehren sich durch Teilung, und wesentliche ihrer Merkmale sind nicht durch die genetische Substanz des Zellkerns bestimmt. In meiner Studienzeit wurde die Auffassung, diese Chloro-

Anmerkung: Herrn Professor Dr. HORST HANSON anläßlich der 60. Wiederkehr seines Geburtstages gewidmet.

plasten könnten extrazelluläre Symbionten sein — eine Art Algen, die auf früher Stufe der Evolution sich mit einer chloroplastenfreien Pflanzenform vereinigt und so erst die Evolution der höheren Pflanzen ermöglicht hätten — gerade noch erwähnt, aber als geistreiche Spekulation abgetan. Jetzt aber sind einige fundamentale biochemische Merkmale in den Chloroplasten gefunden worden, die diese von der übrigen Zelle unterscheiden. Die Chloroplasten werden näher an die Prokaryonten gerückt. Ähnliches gilt auch für die Mitochondrien. Und es ist erneut eine nun schon substanziertere Diskussion im Gange, ob die höheren Pflanzen zusammengesetzte Organismen sind, wobei eine Komponente als prokaryotische Algen anzusehen wäre, die allerdings im Zuge einer viele Millionen Jahre umfassenden Evolution in einen hohen Grad der Abhängigkeit vom anderen Partner geraten ist.

Die vergleichende phytochemische Behandlung der Ammoniakentgiftung in Pflanzen zeigte dann, daß keineswegs immer die Säureamide Glutamin und Asparagin die Funktion als Ammoniakspeicher spielen, sondern daß es eine ganze Palette von Stoffen gibt, die bei anderen als den herkömmlich studierten „Hauspflanzen" eine ähnliche Funktion übernehmen: Arginin, Prolin, Citrullin, Acetylornithin, Allantoin, Allantoinsäure u. a. m.

Diese Ergebnisse waren seit der Entwicklung neuer einfacher analytischer Verfahren — insbesondere der Papierchromatographie — leicht zu erarbeiten. Und sicher würde man noch mehr interessante Details in spezifischen Pflanzengruppen finden, wenn Serienanalysen („screening") nicht so stark des wissenschaftlichen Reizes entbehrten. Aber diese Analytik führte zu einer anderen Entdeckung. Es zeigte sich, daß es nicht nur proteinogene und damit lebenswichtige Aminosäuren gibt, sondern offenbar eine Unzahl anderer, von denen sicher der größere Teil keine lebenswichtige Funktion besitzt. Es dürften bis heute neben etwa 20 in die Eiweißsynthese eingehenden Aminosäuren mehr als 200 in höheren Pflanzen gefunden worden sein, die eiweißfremd sind. Und es ist möglich, daß Pflanzenfamilien, die sich einen größeren Luxus mit dem Stickstoff erlauben können — wie die Hülsenfrüchtler — auch besonders reich an solchen Stoffen sind. Doch ist darüber ein abschließendes Urteil noch nicht am Platze.

Da diese nichtproteinogenen Aminosäuren häufig nur in kleinen systematischen Gruppen vorkommen, ist wahrscheinlich, daß sie keine physiologisch bedeutsame Rolle spielen. Sie sind Nebenprodukte des Stoffwechsels. Das wird besonders deutlich bei den „anomalen" Aminosäuren, die in den Milchsäften von Wolfsmilcharten gefunden worden sind; denn Milchsaft ist ein inneres Exkret und die dort lagernden Stoffe werden normalerweise nicht wieder metabolisiert. Das Paradebeispiel eines solchen Exkretes ist der Kautschuk. Solche Stoffe, die keine lebenswichtige Funktion haben und aus den Metaboliten des Grundstoffwechsels auf Nebenwegen entstehen, nennen wir „sekundäre Stoffe".

Es ist oft dargelegt worden, warum gerade höhere Pflanzen so reich an „sekundären" Stoffen sind. Das dürfte in erster Linie der Ausdruck des Mangels einer nach außen gerichteten Exkretion sein, wie sie für die tierische Organisation so außerordentlich charakteristisch ist. Im Tier werden die metabolischen Exkrete, die Neben- und Endprodukte des Stoffwechsels, meist mit dem Harn ausgeschieden. Bei der Pflanze gibt es keine Nieren und keinen Harn. Die Produkte verbleiben in der Pflanze, werden u. U. noch weiter verwandelt und oft in bestimmten Räumen abgestellt. Als solche gelten die Vakuolen, die bei ausgewachsenen Zellen den größten Teil ihres Volumens ausmachen. Doch werden auch besondere Exkretzellen ausgebildet, zu denen wir Gerbstoffzellen, Milchsaftzellen und -röhren, Anthrachinonzellen, Oxalatzellen, Alkaloidzellen u. a. m. zählen.

Bisher konnte man diese spezifischen stofflichen Räume nur mit den Mitteln der klassischen Mikroskopie und Histochemie erkennen. Heute gestattet die Mikroautoradiographie detailiertere Lokalisation solcher Stoffe, und die weitere Verfeinerung dieser Methode durch Koppelung mit der Elektronenmikroskopie wird sicherlich zeigen, daß in viel größerer Zahl solche speziellen Abstellräume für metabolische Exkrete vorhanden sind. Diese Räume können auch außerhalb des lebenden Bereichs der Zellen liegen, z. B. in Interzellularen, die oft besondere Behälter für ätherische Öle und Harze sind. Die große Mannigfaltigkeit anatomischer Einrichtungen der Exkretion der Pflanzen ist charakteristisch.

Man muß zu diesen Abstellräumen auch die pflanzliche Zellwand zählen, die mit dem Sekundärstoff Lignin imprägniert werden kann und dadurch eine besondere Festigkeit erhält. Dieses Lignin ist am Stoffwechsel unbeteiligt. Aber es ist nicht wertlos, denn die Organisation der höheren Landpflanze ist ohne diese Festigung der Zellwände undenkbar. Die Erfindung des Lignins muß also evolutionistisch als eine Parallelerscheinung der morphologischen Differen-

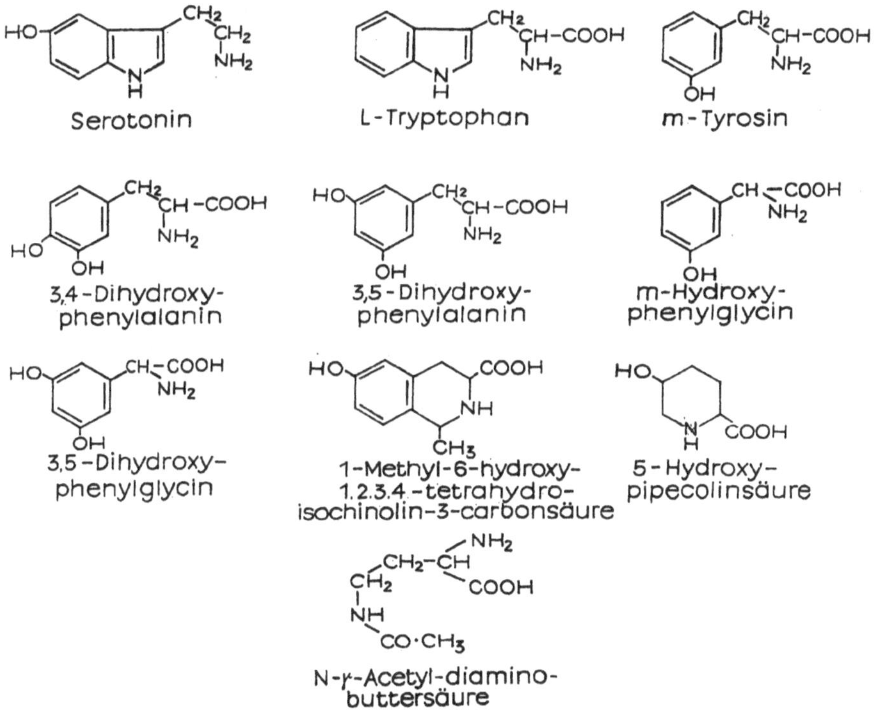

Hauptaminosäuren im Latex von Euphorbia-Arten
(Ina Liss, Peter Müller)

zierung von Landpflanzen gesehen werden. Jeder größere Schritt in der Entwicklung der Organismen erfolgt durch zeitliches Zusammenspiel von anatomisch-morphologischen und chemischen Entwicklungen in vielen Details. Und die meisten in einer bestimmten Eigenschaft angebahnten Entwicklungsprozesse dürften nicht zu bleibendem Erfolg geführt haben, weil die notwendigen Parallelentwicklungen in anderen Bereichen der Organisation ausblieben. Wir sind meist zu leicht befriedigt von einigen markanten Errungenschaften der Biologie. Darwin, Mendel, die Mutationsforschung, die Molekularbiologie haben uns wichtige Grundzüge der Evolution verständlich gemacht. Aber wir sind weit entfernt davon, das Entstehen jenes harmonischen Zusammenspiels von Stoff — Struktur — Funktion auf molekularem Bereich und in den Organen befriedigend zu erklären. Nur eine oberflächliche Betrachtung kann diesen enormen Dimensionsunterschied übersehen, der zwischen dem, was wir heute schon wissen und dem, was zum Verständnis des Lebendigen zu wissen nötig ist, besteht.

Es ist sehr wahrscheinlich, daß die Erfindung des Lignins im Zuge der Evolution mehrfach erfolgt ist. Eine solche wiederholte Erfindung des Lignins ist allein schon deswegen nicht unwahrscheinlich, weil die Ausgangsstoffe der Ligninsynthese die allverbreiteten proteinogenen aromatischen Aminosäuren Phenylalanin und Tyrosin sind, die durch irreversiblen Verlust von

Ammoniak (NH_3) in die Zimtsäure und die Cumarsäure übergehen und weiter zur Kaffeesäure oxydiert werden können. Diese aromatischen ungesättigten Säuren mit trans-Konfiguration können partiell am phenolischen Sauerstoff methyliert ($-OCH_3$) werden. Diese Methylierung ist ein universell verbreitetes biochemisches Prinzip, das eine große Rolle bei der Synthese der sekundären Pflanzenstoffe spielt und im Falle der Ligninsynthese u. a. zur Ferulasäure und zur

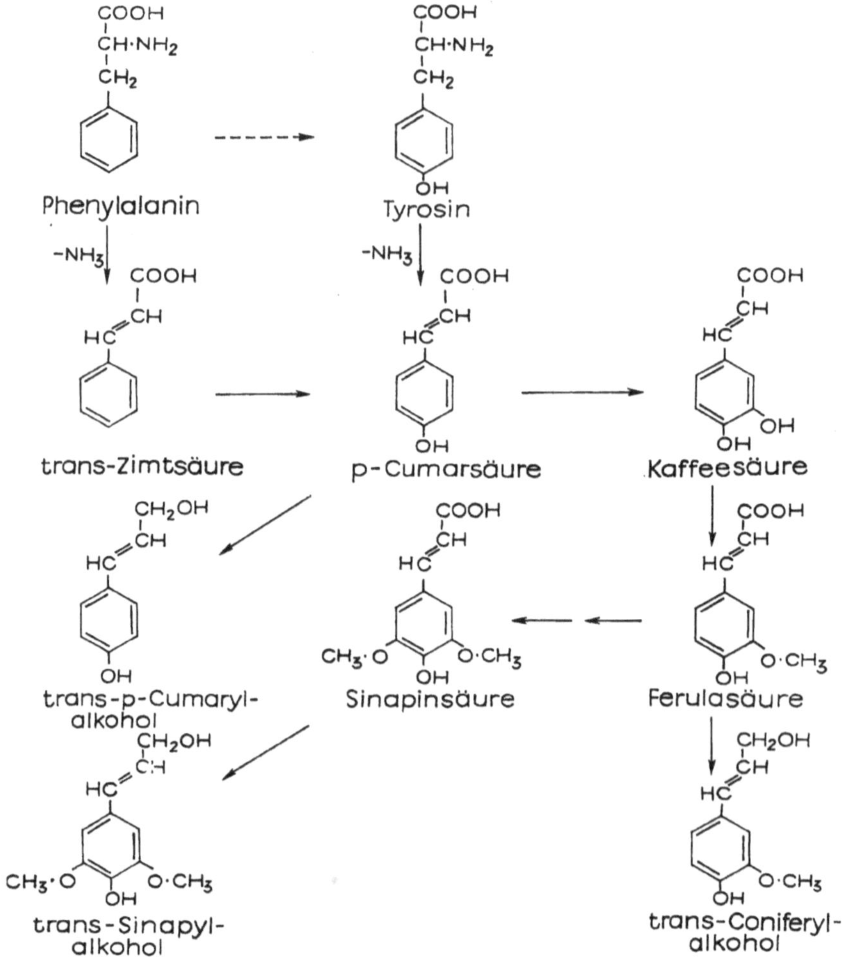

Sinapinsäure führt. Solche Methylierungen blockieren reaktionsfähige Gruppen. Durch Reduktion der Säuregruppe ($-COOH$) zur Alkoholgruppe ($-CH_2OH$) entstehen aus

trans-Ferulasäure ——— trans-Coniferylalkohol
trans-Sinapinsäure ——— trans-Sinapylalkohol
trans-p-Cumarsäure ——— trans-p-Cumarylalkohol

Alle diese Verbindungen besitzen in para-Stellung noch eine reaktionsfähige OH-Gruppe, die entweder mit Glucose verbunden und damit Ursache der Verwandlung in eine wasserlösliche und in den Vakuolen speicherbare Transportform der Alkohole wird, oder aber, die durch Oxydation hochreaktionsfähige Radikale entstehen läßt, die zur Kondensation neigen, wobei gleiche Alkohole oder verschiedene miteinander verbunden werden können. Das Formelbild zeigt Möglichkeiten erster Kondensationsschritte, die vom Coniferylalkohol ausgehend zum Olivil oder zum Pinoresinol führen. Solche „Binäre" haben aber noch reaktive Gruppen zu weiteren Kondensationen frei: phenolische OH-Gruppen oder alkoholische Gruppen. Die

Kondensation kann also fortgesetzt werden. So entstehen hochmolekulare Kondensate, die man Lignine nennt. Sie sind enorm resistent gegenüber chemischen Agentien, und nur wenige Mikroorganismen können Lignin abbauen. Da die Enzyme, die diese Reaktionen betreiben, eine sehr weite Verbreitung haben, wäre es nicht erstaunlich, daß Lignine an verschiedenen Orten des Pflanzenreiches und zu verschiedenen Zeiten der Evolution erfunden worden wären.

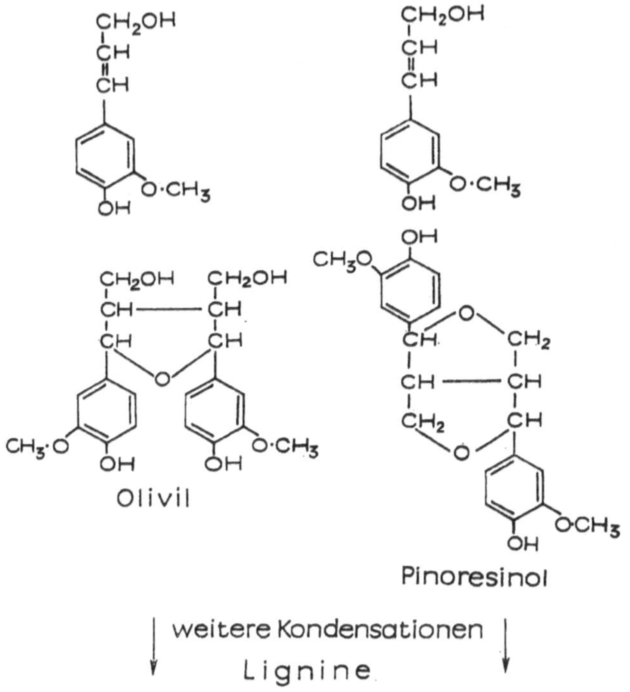

Möglichkeiten der Kondensation von 2 Molekülen Coniferylalkohol

Die genannten verschiedenartigen Radikale gestatten vielerlei Lignin-Strukturen. Nur wenige davon sind aufgeklärt. Es ist ungeklärt, wie weit spezifische Eynzme diese oder jene Struktur bedingen.

Aus diesen Bemerkungen geht hervor, daß Enzyme eine entscheidende Rolle auch im sekundären Stoffwechsel spielen.

Alle Enzyme sind Proteine. Diese bestehen aus etwa 20 verschiedenen Aminosäuren, die einmal oder mehrmals zu einer Polypeptidkette verbunden sind. Ich habe früher (1966) vor der Akademie die Möglichkeit einer praktisch unendlich großen Variabilität der Proteine behandelt. Daß eine spezifische Kompliziertheit dieser Proteine in jedem neugeborenen Organismus ebenso erreicht wird wie in den Eltern, ist der biochemische Ausdruck dessen, was wir Vererbung nennen. In den Geschlechtszellen, die Ursache eines neuen Organismus werden können, ist die Information für die Synthese der spezifischen Proteine (Enzyme) in spezifischen Erbfaktoren (Genen) festgelegt. Diese Gene sind Moleküle der Desoxyribonukleinsäuren. Das sind zwar auch langgestreckte Großmoleküle, aber sie sind nur aus vier Bausteinen zusammengesetzt (aus Nukleotiden, Verbindungen einer Base mit einem Zucker und einer Phosphorsäure). Die Rolle dieser Großmoleküle als Gene — Erbfaktoren — wird durch einen Mechanismus ihrer identischen Reproduktion bei jeder Art von Vermehrung ermöglicht, bei der Zellteilung, der ungeschlechtlichen und geschlechtlichen Fortpflanzung.

Die Synthese der spezifischen Proteine auf Grund einer Information durch spezifische Nukleinsäuren bedarf also der Übersetzung einer Zeichensprache mit vier Elementen in eine solche mit 20. Die Evolution der Enzyme muß demnach die Folge einer Evolution der Desoxyribonukleinsäure sein.

Für das Verständnis dieser Evolution ist die Entdeckung der multiplen Enzyme (= Isoenzyme, Isozyme) von großer Bedeutung. Hierbei handelt es sich um Enzyme mit gleicher Funktion, die also ein gleiches Substrat mit gleichem Ergebnis umsetzen. Sie besitzen aber eine verschiedene Struktur, so daß sie mit physikalischen Methoden — wie z. B. durch die unterschiedliche Wanderung in einem elektrischen Feld oder durch unterschiedliche Adsorption an Austauschern — getrennt werden können. Sie können sich auch durch die Aktivität gegenüber dem Substrat unterscheiden oder bei gleicher Gruppenspezifität gewisse Nuancen ihrer Wirkung im Detail aufweisen, also feine Substratunterschiede registrieren.

Wenn wir von dem einfachsten Fall ausgehen, daß ein Enzym keine prosthetische Gruppe besitzt, also nur aus Protein besteht, und daß dieses Protein nur aus einem Polypeptidstrang aufgebaut ist, so wird jedem Isoenzym eine spezifische Desoxyribonukleinsäure entsprechen. Diese „Iso-Gene" können als Allele einen gleichen Gen-Locus eines Chromosoms besetzen. Bei einer diploiden Zelle wird im Falle der Homozygotie entweder ein Gen für ein Isoenzym zweimal vertreten sein (also $\text{Gen}_{\text{Isoenzym}}$ a + $\text{Gen}_{\text{Isoenzym}}$ a oder $\text{Gen}_{\text{Isoenzym}}$ a' + $\text{Gen}_{\text{Isoenzym}}$ a') oder es werden im Falle einer Heterozygotie zwei verschiedene Allele in der gleichen Zelle vorhanden sein ($\text{Gen}_{\text{Isoenzym}}$ a + $\text{Gen}_{\text{Isoenzym}}$ a').

Bisher liegen nur bescheidene Angaben über die Aminosäurenfolge bei Isoenzymen vor, so daß wir nur ungenügende Vorstellungen von der Primärstruktur besitzen. Wenn wir aber die Erfahrung an anderen Proteinen (Hämoglobin, Cytochrom, Insulin) nutzen, dürfen wir annehmen, daß die gleiche Funktion der Isoenzyme auf gleichen Sequenzen in einem bestimmten Abschnitt der Polypeptidkette der Isoenzyme beruht und daß Ungleichheiten in anderen Abschnitten die unterschiedlichen physikalischen (Struktur-)Eigenschaften bestimmen. Offenbar hat die für die Codierung der Isoenzyme verantwortliche Desoxyribonukleinsäure (DNS) im Zuge der Evolution Veränderungen (Mutationen) erfahren, die nicht tief genug gehen, um die Wirkung des Enzyms auszulöschen, aber doch tief genug, um die Struktur zu ändern.

Diese Verhältnisse werden noch komplizierter, wenn mehrere Polypeptidketten für den Aufbau eines Enzyms nötig sind. Und wenn Isoenzyme durch Gene in verschiedenen Gen-Loci codiert werden, ergeben sich Möglichkeiten noch größerer Unterschiede. In diesen Fällen braucht keine genetische oder evolutionistisch bedingte Verwandtschaft dieser Enzyme zu bestehen.

Es ist erwiesen, daß in einer Zelle (in einem Gewebe) mehrere Isoenzyme vorhanden sein können und daß das Isoenzym-Spektrum von Gewebe zu Gewebe und auch mit dem Alter des Organs sich verändern kann. Handelt es sich um ein lebenswichtiges Enzym, so wird der Funktionsausfall eines Isoenzyms durch zu starke Abwandlung des Allels keine lebensgefährdende Wirkung haben, da noch andere Isoenzyme bereitstehen. Es wäre aber durchaus denkbar, daß ein solch verändertes Gen noch ein Protein codiert. Dieses Protein werden wir aber nicht mit den einfachen biochemischen Methoden fassen. Wir erkennen in der Biochemie Enzymproteine an ihren chemischen Wirkungen auf definierte Substrate. Proteine, die nicht auf bekannte Substrate wirken, sind biochemisch nicht ohne weiteres nachweisbar. Es kann nur beiläufig vermerkt werden, daß es noch andere Methoden des Nachweises von Proteinen gibt, insbesondere serologische Methoden. Mit ihnen kann man auch Proteine fassen, von denen keinerlei enzymatische Aktivität bekannt ist.

Nach diesen Bemerkungen wird es verständlich erscheinen, daß es nonsense-Proteine gibt, Proteine, die keine lebenswichtige Aufgabe haben, Proteine, die unter Umständen überhaupt keine Gelegenheit haben, ihren enzymatischen Charakter zu äußern, weil ihnen nicht die geeigneten Substrate geboten werden, oder Proteine, die für das Leben wertlose Reaktionen betreiben, z. B. bei der Synthese eines der sekundären Stoffe.

Wahrscheinlich gehören hierher die in höheren Pflanzen ziemlich häufigen, oft nur in bestimmten Arten und dort nur in distinkten Zellen auftretenden Proteinkristalle, die eine erhebliche Dimension haben können und selbst in Notzeiten nicht eingeschmolzen werden. Die Verteilung dieser Proteinkristallzellen (Proteinidioblasten) ist meist auf bestimmte Gewebe beschränkt und in „Mustern" organisiert. Diese Eiweißidioblasten ähneln zytologisch in mancher Hinsicht den Alkaloidzellen, den Oxalatzellen, den Gerbstoffschläuchen. Die sehr stabilen Kristallproteine sind ein Beweis dafür, daß die Pflanze (und auch das Tier) keineswegs immer ökonomisch organisiert ist. Obwohl die Pflanze in großen Zügen sehr haushälterisch mit ihrem Stickstoff umgeht, leistet sie sich den Luxus der Proteinkristalle.

Der metabolische Exkretcharakter solcher Kristallproteine wird auch deutlich durch ihre Lokalisation in Vakuolen. Wir wissen nicht, ob sie dort vollständig synthetisiert werden. Vielleicht treten Polypeptidketten aus dem Protoplasma dieser Zellen oder benachbarter Zellen in die Vakuolen ein, wo sie durch Akkumulation zur Kristallisation kommen. Es ist aber ebenso möglich, daß einfache — und vielleicht sogar lebenswichtige — Polypeptide durch Sekundärreaktionen (Ausbildung von S—S-Brücken u. a. m.) in diesen Idioblasten ihre Funktion verlieren. Jedenfalls dürfte der Schritt, von einem lebenswichtigen (Enzym-)Protein zu einem „sekundären" oft sehr klein sein, ein bescheidenes „Spiel der Natur" in der Evolution.

Leider gibt es noch einige wichtige offene Probleme, ohne deren Klärung eine befriedigende Beurteilung dieses „Spieles der Natur" nicht möglich ist. Wir wissen nicht, wieviele Gene (= Desoxyribonukleinsäuremolekül-Abschnitte) in der Zelle einer höheren Pflanze vorhanden sind. Diese Schätzungen wechseln von 10000 bis zu einem Vielfachen davon. Wir wissen nur annähernd, wieviel funktionswichtige Proteine in einer Zelle vorkommen. Es mögen 1000—3000 Enzymproteine existieren. Bei der Synthese dieser Enzymproteine dürften eine große Zahl von Proteinen als Regulatoren im Spiele sein. Es sind außerdem Proteine lebensnotwendig, die als die die Feinstruktur des Protoplasmas bestimmenden Makromoleküle mehr biophysikalische als biochemische Funktionen haben. Alles in allem dürften aber weit mehr Gene vorhanden sein als differente Proteine. Offenbar sind viele Gene ungenutzt, inaktiv. Solche Gene können für die Evolution eine große Bedeutung haben, denn eines Tages kann ein Evolutionsschritt ein neues Produkt hervorbringen, das diese Gene aus ihrem Schlaf erweckt (Induktion einer Proteinsynthese). Ich versuche, das an einem Beispiel zu verdeutlichen.

Die Alkaloide der Mohngewächse sind zumeist Benzylisochinoline. Es gibt mehrere hundert solcher Naturstoffe. Trotz ihrer Mannigfaltigkeit und verschieden großen Kompliziertheit entstehen diese Stoffe — soweit das überhaupt verallgemeinernd ausgesprochen werden darf, da nur ein Bruchteil dieser Verbindungen biosynthetisch einigermaßen untersucht ist — aus demselben Baustein, den wir schon bei der Ligninsynthese kennengelernt haben: aus der proteinogenen Aminosäure Tyrosin. Zwei Moleküle Tyrosin werden in mehreren Reaktionsschritten verschieden weit abgebaut, zu 1 Molekül Tyramin und 1 Molekül Hydroxy-Phenylacetaldehyd. Diese Stoffe werden vorher oder nachher weiter oxydiert (zu Dihydroxy-Verbindungen), die nun kondensieren, wobei als eines der einfachsten Produkte Norlaudanosolin entsteht. Dies kann in vielfältigster Weise weiter ungebaut werden. Eines der Folgeprodukte solcher Prozesse ist Thebain, das in etlichen Mohnarten vorkommt. Es stellt dort gelegentlich das „Hauptalkaloid" dar, das soll heißen, es ist in wesentlich größerer Menge vorhanden als die anderen Alkaloide. Es ist mit diesem Begriff also keine funktionelle Bewertung verbunden; denn in der Masse sind die Alkaloide in den Milchsäften abgestellt und damit typische Exkrete. Zwei Mohnarten, der Schlafmohn *Papaver somniferum* und der Saatmohn *Papaver setigerum*, können Thebain weiter umwandeln zu den therapeutisch äußerst wichtigen Alkaloiden Codein und Morphin. Dieses „schlafmachende" Prinzip des Opiums (das ist der eingetrocknete Milchsaft des Schlafmohns) ist das erste bekannt gewordene Alkaloid überhaupt und wurde Anfang des vorigen Jahrhunderts von dem jungen Apotheker Sertürner entdeckt. Da andere Mohnarten diese Umwandlung von Thebain in Codein und Morphin nicht vollziehen können, fehlt diesen offenbar ein (oder mehrere) spezifisches Enzym, das diese Umwandlung betreibt, d. h. ein oder mehrere Gene fehlen, um dieses Enzymprotein zu codieren. Wir können das sogar mit Bestimmtheit sagen, weil der Erbgang des Merkmals Morphinbildung bei der Kreuzung einer Morphin-

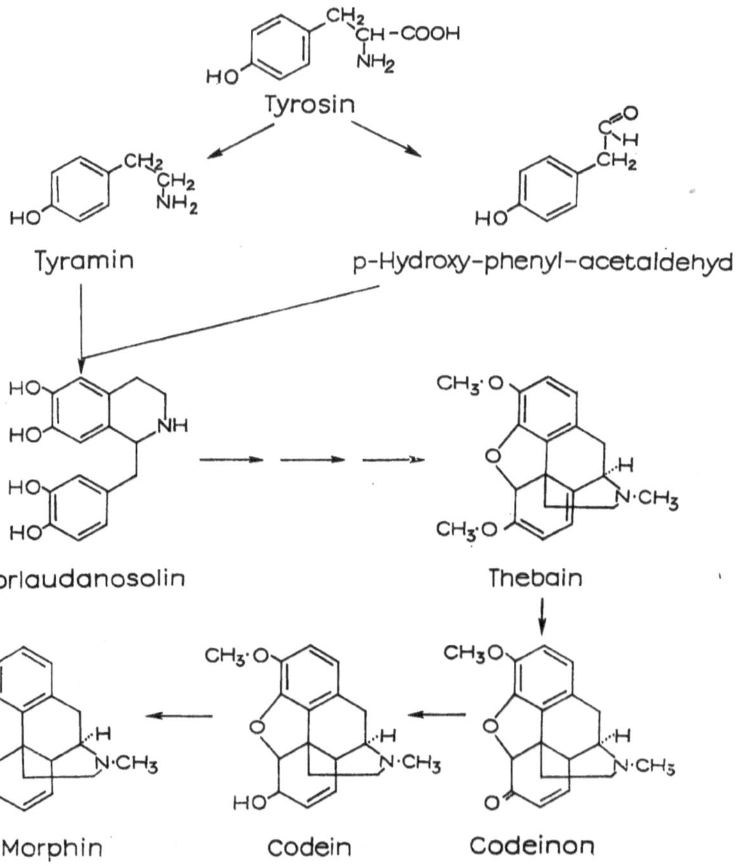

Art (*Papaver somniferum*) mit einer Thebain-Art (*Papaver bracteatum*) die genetische Bedingtheit dieser Reaktion beweist (Böhm). Zu unserer großen Überraschung konnten Gewebekulturen einer Tabak-Art (*Nicotiana alata*) und verschiedene Pilze diese Umwandlung von Thebain in Morphin ganz oder teilweise durchführen (Grützmann). Offenbar besitzen diese mohnfremden Organismen, die sehr wahrscheinlich im Zuge ihrer Evolution niemals mit Thebain in Berührung gekommen sind, ein Gen zur Codierung jenes Enzyms, das für die Thebainumwandlung unerläßlich ist. Es ist noch nicht untersucht, ob die Induktion der Bildung dieses Enzyms erst durch die Gegenwart von Thebain ausgelöst wird. Jedenfalls ist es sehr unwahrscheinlich, daß dieses Enzym einen „allgemeinen" Charakter hat. Es wäre dann unverständlich, daß es in Mohnarten so selten vorkommt. Offenbar handelt es sich bei diesem Enzym um Konvergenzbildungen, die im Zuge der Evolution mehrfach und ohne Beziehung zueinander in verschiedenen Pflanzengruppen erfolgt sind.

Wir dürfen mit einem großen Schatz vorhandener, aber nicht geweckter Gene rechnen, die für die Produktion von pharmazeutischen Feinchemikalien äußerst wichtig sind. Vielleicht wird es in Zukunft billiger sein, nach solchen Qualitäten bei leicht zu kultivierenden Mikroorganismen zu suchen, als die Urwälder nach seltenen Pflanzen zu durchforschen, die diesen oder jenen gewünschten Heilstoff synthetisieren.

Dieses Spiel der Natur, ein Ausdruck ihrer unbegrenzt erscheinenden Phantasie, dürfte im allgemeinen nicht völlig Neuartiges hervorbringen, sondern alles Neue schließt als eine Variante an bereits Vorhandenes an. Aber soweit nicht lebengefährdende Stoffe entstehen, die letale Mutanten bedingen, wird das Neue zunächst erhalten bleiben und von Generation zu Generation weiter geschleppt werden. Das geht schon daraus hervor, daß die Sekundärstoffe meist eine charakteristische Begrenzung ihres Vorkommens aufweisen. Sie sind sehr oft auf bestimmte systematische Gruppen beschränkt und besitzen damit einen systematischen (taxonomischen) Wert. Doch besteht meist keine unbedingte Zuverlässigkeit dieses Wertes. Es ist klar, daß der Ausfall eines Sekundärstoffes keinen lebenswichtigen Verlust bedeutet. Wenn eine höhere Pflanze die Fähigkeit, Chlorophyll zu synthetisieren, verliert, wird sie nicht autonom weiter existieren, weil sie sich nicht mehr selbständig ernähren kann. Wenn sie aber einen Blütenfarbstoff nicht mehr bilden kann, wird das kein Grund für ihren Tod sein. Es könnte eine vielleicht geringfügige Schwächung bedeuten, weil Blütenfarbstoffe für die Bestäubung durch Insekten einigen ökologischen Nutzen haben können. Ein solcher ökologischer Nutzen ist sicherlich auch vielen anderen Sekundärstoffen zuzusprechen, obwohl solche Bewertungen mit großer Vorsicht vorzunehmen sind, denn zu leicht fällt man anthropomorphen Deutungen zum Opfer, Deutungen, die jene begeistern, die die Evolution als Wirkung einer zweckmäßig arbeitenden Natur ansehen. Obwohl wir noch weit davon entfernt sind, die Evolution komplizierter Organisationen völlig zu begreifen, haben wir derzeit allen Grund, im Spiel der Natur das eigentlich schöpferische Prinzip zu sehen und in der Selektion das Prinzip des Überlebens des Bestgeeigneten. Wir haben keinen Grund, die Darwinschen Vorstellungen abzutun, weil sie uns nicht alles erklären, und sie durch Mystik zu ersetzen.

Es wird nicht bestritten, daß Pflanzen durch die Bildung und Anreicherung von Sekundärstoffen gelegentlich einen Vorteil haben können. Für das Lignin habe ich das beschrieben. Und es mag Fälle geben, wo Harze für den Wundverschluß Bedeutung haben, Milchsäfte Tiere abwehren usw. usw. Einen strengen Beweis für einen solchen Nutzen zu führen, ist schwer. Man müßte zwei nahe verwandte Rassen (Mutanten) vergleichen können, von denen die eine einen bestimmten Stoff hat, die andere nicht. Wer aufmerksam durch die Natur geht, wird sehen, daß Nadelbäume trotz des Harzes vom Wild geschält, vom Borkenkäfer befallen, anderen Insektenkatastrophen und Pilzbefall ausgesetzt sein können. Und es ist nicht einzusehen, daß etwa die Buche weniger resistent ist als die Kiefer, weil sie keine Harze bildet. Jeder Organismus hat seine Feinde. Keine Pflanze nimmt so überhand — abgesehen von extremen klimatischen und edaphischen Bedingungen —, daß im Besitz eines Sekundärstoffes ein großer und entscheidender ökologischer Nutzen gesehen werden kann. Die wenigen ins Auge springenden Ausnahmen sind vielfach zitiert. Ich habe selbst auf Reisen in für das Pflanzenleben extrem ungünstigen Landschaften solche Beispiele studiert und beschrieben, so die große Zahl von alkaloidführenden Pflanzenindividuen am Rande der Wüste oder im Hochgebirge, wo eine oft durch den Menschen künstlich herbeigeführte Störung des Gleichgewichts (Karakulschafzucht, Kamelherden u. a. m.) die als tierische Nahrung nutzbaren Pflanzen enorm zurückgedrängt hat und Giftpflanzen zum vegetationsbestimmenden Element werden ließ.

Die Zahl dieser Sekundärstoffe ist noch nicht annähernd abzuschätzen. Vor 15 Jahren waren 250 Alkaloide genau bekannt, heute sind es mehr als 4500. Aber selbst über die Stoffgruppen können wir noch kein endgültiges Urteil abgeben. Zuerst sind die bekannt geworden, die unseren Sinnen zugänglich sind: Farb-, Duft- und Geschmacksstoffe. Das sind keine chemischen Begriffe. Die sekundären Farbstoffe können einer größeren Zahl ganz verschiedener Stoffklassen angehören: Flavonole, Anthocyanidine, Naphthochinone, Anthrachinone, Carotinoide, Porphyrine usw. Und als Bestandteile der ätherischen Öle finden wir vor allem niedermolekulare Terpene, Phenylpropankörper, einfache aliphatische und aromatische Alkohole und Ester u. a. m.

Weiter gehören hierher die Gerbstoffe, Flechtenstoffe, Wachse, Harze, Lauchöle, Blausäureglykoside und die Senföle, viele Kohlenhydrate, die oben schon genannten nichtproteinogenen Aminosäuren, Betaine, Amine, Alkaloide, Steroide, viele Fettsäuren, die Terpene usw.

Es ist keine Pflanzengruppe frei von solchen Sekundärstoffen. Lange hat man geglaubt, daß die Bakterien und überhaupt die niederen Pflanzen nur selten durch solche Stoffe ausgezeichnet sind. Dann wurde mit der Entdeckung des Penicillins die Antibiotikaforschung eröffnet. Diese führte durch Verwendung eines neuen Tests (Wirkung auf Bakterien) in weniger als 30 Jahren zur Entdeckung von mehr als 2000 Antibiotika, isoliert aus Schimmelpilzen, Bakterien und aus Strahlenpilzen (Aktinomyceten), die den Bakterien nahestehen. Diese Antibiotika gehören verschiedenartigen chemischen Stoffklassen an. Ebenso haben die Hoffnungen auf neue Arzneimittel zu einer ungeheuren Forcierung der Erforschung der Alkaloide und Steroide geführt.

Wenn heute die Entdeckung eines hochwirksamen, wirtschaftlich wertvollen und völlig neuartigen pflanzlichen Stofftyps erfolgen sollte, wird morgen die Jagd nach ähnlichen Stoffen beginnen und vielleicht eines Tages wieder erlahmen, ohne wirtschaftlichen Nutzen erbracht zu haben. Aber es werden wiederum viele neue Pflanzenstoffe bekannt geworden sein.

Damit will ich sagen, daß die Erweiterung unserer Kenntnisse auf diesem Gebiet in ganz besonderem Maße von Zufällen abhängt. Das ist ein grundlegender Unterschied zur Entwicklung unseres Wissens über die Teilnehmer und Produkte des Grundstoffwechsels, die ganz systematisch erschlossen wurden, denn diese Stoffe verraten sich durch ihre Lebenswichtigkeit, die Sekundärstoffe aber durch ihre Wirkungen auf andere Organismen oder im chemischen screening.

Zwischen den Stoffen des Grundstoffwechsels — kurz „Primärstoffe" geheißen — und den Sekundärstoffen ist oft nicht nur eine sehr enge chemische Verwandtschaft gegeben, sondern derselbe Stoff kann hier primären Charakter und dort den eines metabolen Exkrets haben. So ist Canavanin für einige Arten der Familie der Hülsenfrüchtler eine Stickstoff-Vorratssubstanz; es kann z. B. bei der Keimung wieder verwertet werden. In anderen Arten dieser Familie fehlt es und für einige von ihnen ist es eine stark toxische Substanz. Offenbar mußte im Zuge der Evolution mit der Fähigkeit, Canavanin zu synthetisieren, auch die Resistenz gegenüber Canavanin erworben werden, damit es überhaupt Canavanin-Pflanzen geben kann.

Dieses Problem „Resistenz gegenüber einem eigenen Produkt" hat offenbar eine ziemlich große Bedeutung. Das Alkaloid Nikotin ist weit verbreitet und ist in nicht als verwandt zu betrachtenden Familien angetroffen worden. In einigen Tabakarten ist Nikotin aber in besonders hohen Konzentrationen anzutreffen. Bei bestimmten Kulturbedingungen kann es mehr als 10% des Trockengewichts des Tabakblattes ausmachen. Diese Blätter sind durchaus vital, sie machen einen völlig gesunden Eindruck. Bringt man den Preßsaft eines solchen Blattes auf die Oberfläche eines gesunden Blattes, so zeigen sich starke Schädigungen, die mindestens zum Teil durch Nikotin bedingt sind. Wenn dieses Alkaloid im normalen Blatt nicht toxisch wirkt, dann wahrscheinlich deshalb, weil es von den empfindlichen Bereichen getrennt deponiert ist. Aber auch andere Nachtschattengewächse führen Nikotin, z. B. die Tollkirsche. Pfropft man Tollkirsche auf die Wurzel einer Tabakpflanze, die die Hauptbildungsstätte des Nikotins ist, so steigt mit dem allgemeinen Säftestrom Nikotin auch in das Tollkirschen-Reis. Die sich entwickelnden Blätter wachsen und bleiben lange turgeszent, aber sie bilden kein oder wenig Chlorophyll. Nikotin wirkt also in größeren Konzentrationen als Gift, obwohl die Pflanze selbst Nikotin synthetisiert. Offenbar können nur solche Tollkirschenrassen existieren, die nur geringe Mengen Nikotin führen.

Bei der Wolfsmilchart *Euphorbia polychroma* ist eine Hauptaminosäure des Milchsaftes das Tryptophan. Das ist eine proteinogene, also lebenswichtige Aminosäure, die im Gewebe höherer Pflanzen meist nur in geringen Konzentrationen frei vorkommt. Es ist bekannt, daß Tryptophan regulierend in seine eigene Biosynthese eingreift. Das ist vielleicht der Grund, daß größere Konzentrationen nicht beobachtet werden. Im Milchsaft ist Tryptophan aber wie ein Exkret abgestellt. Es liegen keine Beobachtungen vor, daß es die Milchsaftbehälter wieder verlassen kann. Derselbe Stoff ist also in der gleichen Pflanze bald lebenswichtiger Eiweißbaustein, bald abgestelltes Produkt eines luxurierenden Stoffwechsels.

Sofern ein Beiseitestellen eines überproduzierten Primärstoffes nicht möglich ist, weil es entsprechende physiologisch zur Speicherung befähigte Behälter nicht gibt, kann der Organismus in verschiedener Weise auf die Überproduktion antworten:

1. Das Produkt hemmt die eigene Synthese, eine offenbar häufig realisierte Möglichkeit.
2. Das Produkt fördert den eigenen Abbau.
3. Das Produkt wird schnell irreversibel in einen Sekundärstoff umgewandelt.

In der Tat ist gerade das Tryptophan dafür ein glänzendes Beispiel. Wir kennen zur Zeit mehr als 800 Alkaloide, für die Tryptophan als Vorstufe dient. Wenn man bedenkt, daß es Arten der Familie der Apocynaceen gibt, die rund 50 verschiedene Alkaloide vom Typus der Tryptophanderivate enthalten und daß es andere Arten der gleichen Familie gibt, die solche Derivate nicht enthalten, wird man kaum auf den Gedanken kommen können, daß diese Alkaloide lebenswichtig sind.

Wenn man radioaktiv markiertes (^{14}C-)Tryptophan an solche Alkaloid-Pflanzen verfüttert, dann kann man nicht nur feststellen, daß das Tryptophan mit dem größten und intakt gebliebenen Teil seines Moleküls in die Alkaloide eingebaut wird, man kann auch feststellen, daß die Alkaloidsynthese durch Tryptophan gefördert wird, z. B. beim Mutterkornpilz. Die Vorstufe hat demnach auch eine stimulierende, vielleicht induzierende Wirkung; sie kurbelt die Reaktionsfolge an.

In einer höheren Pflanze mit einem harmonisierten Stoffwechsel wird soviel Tryptophan gebildet, wie benötigt wird, d. h. soviel wie zur Synthese der Eiweiße und des Wachstumshormons Auxin verbraucht wird (Schema A). Dabei ist berücksichtigt, daß durch einen stetig ablaufenden Eiweißabbau ebenfalls Tryptophan anfällt und daß ein gewisser Tryptophanabbau abläuft. Wird zuviel Tryptophan synthetisiert, so kann der Überfluß durch verstärkten Abbau beseitigt werden (B) oder aber, wenn ein solcher Abbau unmöglich ist, kann Tryptophan wie ein Exkret abseits des lebendigen und empfindlichen Bezirks der Zelle abgestellt werden (C) wie das für *Euphorbia polychroma* geschildert worden ist. In noch anderen Fällen kann der Überschuß in spezielle Synthesen eingehen (D); dabei spielt die Bildung von Alkaloiden eine besondere Rolle.

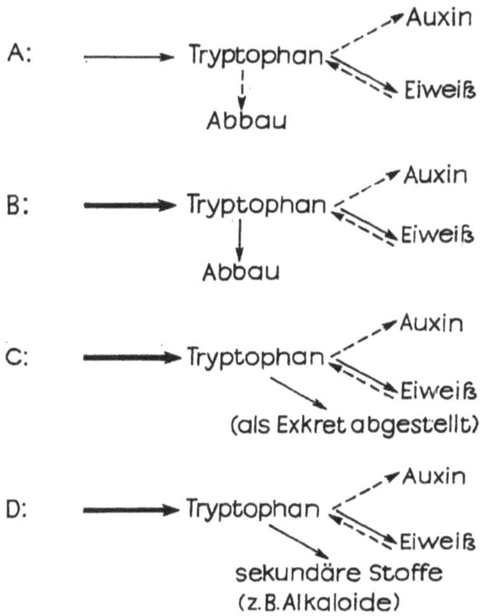

Das höhere Tier benötigt ebenso Tryptophan wie die Pflanze. Es kann es aber nicht selbst synthetisieren, sondern nimmt es mit der Nahrung auf. Es wird daraus Eiweiß machen und auch eine hormonähnliche Substanz, das Serotonin, das eine den Blutdruck steigernde Wirkung hat und eine wichtige Funktion bei den zentralnervösen Vorgängen spielt. Tryptophan ist auch die Muttersubstanz des Vitamins Nikotinsäureamid. Nur bestimmte Tiere können diese letztere Umwandlung durchführen. Die größte Menge des überschüssigen Tryptophans wird aber

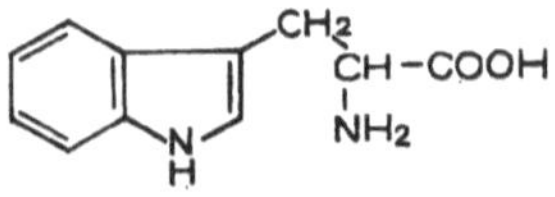

Tryptophan

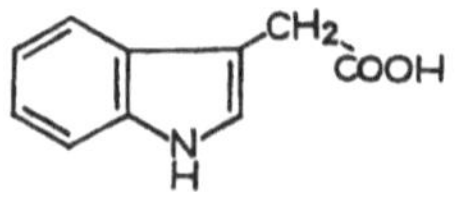

Auxin

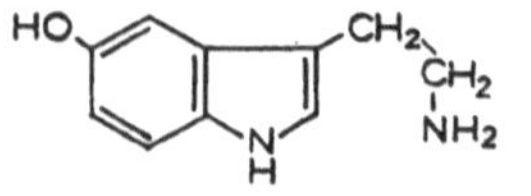

Serotonin

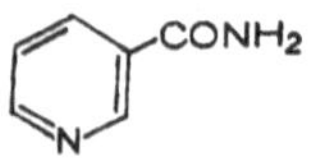

Nicotinsäure-amid

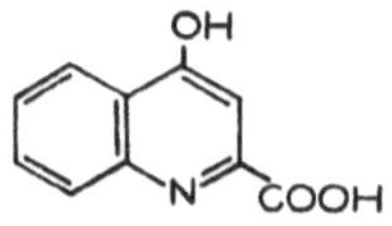

Kynurensäure

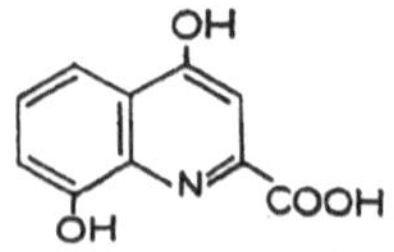

Xanthurensäure

abgebaut entweder total oder — wie es bei verschiedenen Tieren die Regel ist — in Kynurensäure und Xanthurensäure, die mit dem Harn ausgeschieden werden. So führt eine starke Fütterung des Hundes mit Tryptophan zur verstärkten Ausscheidung von Kynurensäure. Davon hat sie auch ihren Namen.

Diese Umbau- und Abbauwege sind deshalb besonders interessant, weil neue Stickstoff-(N)-haltige Ringsysteme entstehen können, einmal ein Pyridinring und in anderen Fällen ein Chinolinring. Das sind aber durchaus der Alkaloidbildung vergleichbare Wege. Beim Tier kommt es jedoch nicht zur Speicherung dieser Abbauprodukte, sondern zur Ausscheidung. Vielleicht haben sie deshalb ihre Carboxylgruppe behalten, während bei der Alkaloidbildung der Pflanze diese Gruppe in der Regel verschwindet. Damit verlieren diese Stoffe ihren Säurecharakter und werden den Alkalien vergleichbare Alkaloide. So hat das bereits SERTÜRNER gesehen, und MEISSNER (1819), ein hallescher Apotheker, hat diesen Stoffen den heute noch gültigen Namen gegeben. Sehr wahrscheinlich sind die Säuren leichter für die Ausscheidung geeignet, die Basen mehr für die Abstellung dieser Sekundärstoffe.

Es bilden also auch Tiere Sekundärstoffe aus Primärstoffen, und sie können nach dem alten Sprachgebrauch typische Exkrete sein.

Einige von Tryptophan abzuleitende Pflanzenalkaloide haben halluzinogene Wirkung. Gerade diese besitzen ihrer Molekularstruktur nach eine nahe Beziehung zum Serotonin. Vielleicht ist ihre zentralnervöse Wirkung darin begründet, daß sie eben wegen des verwandten Baues die Serotonin-Funktion beeinträchtigen. Jedenfalls ist in zahlreichen Fällen wahrscheinlich gemacht oder sogar gesichert, daß die therapeutische Wirkung einer Substanz in enger Beziehung steht zu ihrer molekularen Verwandtschaft mit lebenswichtigen Effektoren des tierischen Stoffwechsels. In dieser Tatsache ist auch die gezielte Suche nach neuen pflanzlichen Heilmitteln begründet.

In solchem Zusammenhang ist interessant, daß Serotonin auch in höheren Pflanzen vorkommt. Es ist wiederholt in Milchsäften (P. MÜLLER, unveröffentlicht), in Früchten und Samen gefunden worden, auch in den Brennhaaren von Urtica. Für die Samen der Walnuß bewiesen

Bergmann und Mitarb. jüngst die Bildung des Serotonins aus Tryptophan. Ein solcher Vorgang ist aber an bestimmte Entwicklungszustände gebunden.

Das Vorkommen solcher im tierischen Organismus hochspezifischen Akteure des Stoffwechsels in Pflanzen ist nicht selten. Einer der frühesten Nachweise von menschlichen Hormonen in höheren Pflanzen betrifft Sexualhormone. Es wäre aber falsch zu interpretieren, daß diese Stoffe in Pflanzen ähnliche Wirkungen haben wie in Tieren. Dem widerspricht schon ihr seltenes

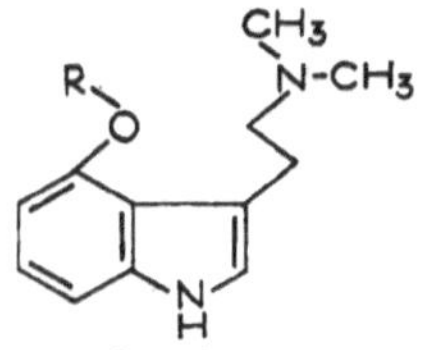

R=H: Psilocin
R=PO_3H: Psilocybin

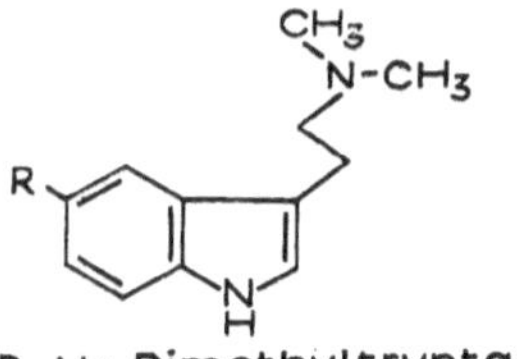

R=H: Dimethyltryptamin
R=CH_3O: 5-Methoxydimethyltryptamin

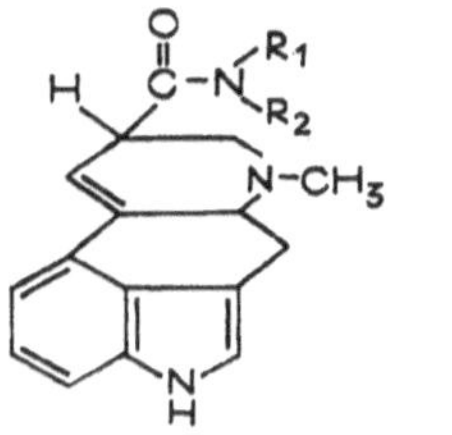

R_1=R_2=H: Lysergsäure-amid
R_1=H; R_2=$CHOH·CH_3$: Lysergsäure-hydroxy-äthylamid
R_1=R_2=C_2H_5: Lysergsäurediäthylamid (LSD)(Künstlicher Stoff)

Pflanzliche Halluzinogene vom Tryptophan-Typ

Vorkommen. Auch sind in Tier und Pflanze nur der Mechanismus der genetischen Geschlechtsbestimmung verwandt, nicht aber die Ausbildung der sekundären Geschlechtsmerkmale und die Physiologie der Sexualität. Tierische Geschlechtshormone sind in Pflanzen Sekundärstoffe und wahrscheinlich völlig funktionslos.

Es ist nicht leicht, zu einer exakten Einschätzung der Produktion von Sekundärstoffen mit Exkretcharakter in Tier und Pflanze zu kommen. Bei einer Beschränkung auf die Derivate des Tryptophans ergeben sich für das Tierreich etwa 10 Stoffe. Dazu gehören Xanthommatine, Pigmente der Augen und der Flügel etlicher Insekten, Xanthurensäurederivate, z. B. ein vor kurzem entdecktes Pigment von Schmetterlingsflügeln, einige selten vorkommende weitere Chinoline wie das Kynuren. Dem stehen aus dem Pflanzenreich mehr als 1 000 bekannte Stoffe gegenüber, wobei sich in einigen Familien eine starke Häufung ergibt (Apocynaceen, Loganiaceen, Rutaceen, Zygophyllaceen). Ich entnehme einer Zusammenstellung von M. Hesse (1968), daß in

Vinca rosea	64	verschiedene Indolalkaloide
Rauwolfia vomitoria	46	,, ,,
Hunteria eburnea	30	,, ,,
Strychnos toxifera	28	,, ,,
Pleiocarpa mutica	28	,, ,,

gefunden worden sind. Das sind natürlich besonders alkaloidreiche Arten. Wenn man aber bedenkt, daß diese Funde im wesentlichen in den letzten 20 Jahren gemacht sind und daß die phytochemischen Untersuchungen aus pharmazeutischem Interesse nur in ganz bestimmten Richtungen wirklich intensiv geführt werden konnten, daß also vieles noch zu erforschen bleibt — was gewiß auch für die Insekten gilt —, dann kann man nur sagen, daß im Pflanzenreich etwa einhundertmal soviele Sekundärstoffe auf Tryptophanbasis synthetisiert sind wie im Tierreich.

Ich füge weiterhin eine Übersicht der in der Familie der Rutaceen angetroffenen Alkaloide bei (in Anlehnung an das Handbuch von Raffauf 1970). Diese Übersicht umfaßt nur solche Stoffe, bei denen der Stickstoff (N) ringständig ist. Diese Liste ist noch nicht vollständig. Die in Klammern unter der Formel stehende Zahl bedeutet die dem Formeltypus entsprechenden gefundenen Varianten. Es sind demnach 162 verschiedene Alkaloide erfaßt, von denen die meisten mit dem Tryptophan-Stoffwechsel zusammenhängen, einige auch mit dem Stoffwechsel des Tyrosins.

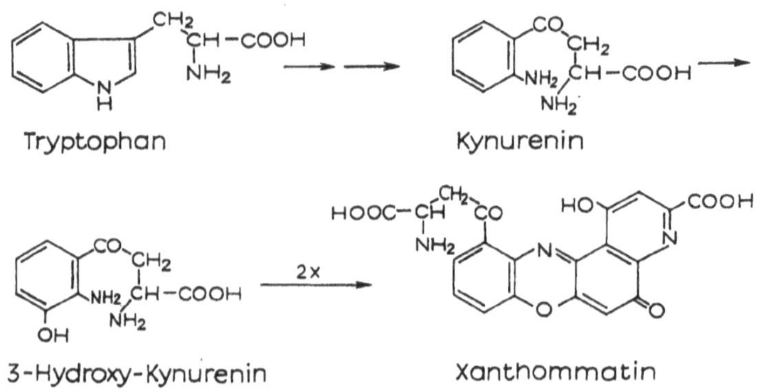

Während meist in einer Pflanzenfamilie ein Alkaloidtyp oder nur wenige vertreten sind, ist das also bei den Rutaceen nicht der Fall. Wenn man nun noch bedenkt, daß diese Familie auch reich an ätherischen Ölen und Gerbstoffen ist, so kann in ihr ein Spiegelbild des ganzen Pflanzenreiches gesehen werden in seiner ungeheuren Produktionskraft bei der Synthese mannigfaltigster Sekundärstoffe.

Würden wir eine ähnliche Aufstellung für die Derivate der proteinogenen Aminosäuren Phenylalanin und Tyrosin machen, so würde der Reichtum des pflanzlichen Chemismus im Vergleich zum tierischen ebenso deutlich werden. Das Tier scheidet die im Überfluß vorhandenen Aminosäuren in umgewandelter Form aus, z. B. als Hippursäure, oder baut sie völlig ab. In wenigen Fällen werden Hormone gebildet, wie das Adrenalin oder das jodhaltige Thyroxin der Schilddrüse. Und als typische Sekundärstoffe bildet das Tier Pigmente der Haut und der Haare: die Melanine. Solche Melanine werden in ganz ähnlicher Weise auch in Pflanzen gebildet, z. B. als Pigmente schwarzbrauner Samenschalen. Aber dann gibt es im Pflanzenreich eine ganze Welt von Stoffen, deren Präkursor das Tyrosin ist. Da sind zunächst einfache Isochinoline zu nennen, wie sie vor allem in Kakteen vorkommen; so z. B. das halluzinogene Mezkalin. Dann sind da die komplizierteren Benzylisochinoline, auf die ich im Zusammenhang mit der Thebain-Morphin-Umwandlung schon hingewiesen habe. Hierher gehören auch die sehr mannigfaltigen Alkaloide der Amaryllidaceen und der Herbstzeitlose. Beim Lignin habe ich schon darauf hingewiesen, daß Tyrosin auch in stickstoff-freie Sekundärstoffe von weitester Verbreitung übergehen kann. Hierzu gehören die flavonoiden gelben, braunen, blauen und roten Pigmente der Blüten, einschließlich der Anthocyane, dann eine Fülle von Duftstoffen der ätherischen Öle, die Cumarine, die Farbstoffe der roten Rübe und ihrer Verwandten u. a. m. Das sind weit mehr als 1000 differente Substanzen, die vor allem in den höheren Pflanzen gefunden werden. In den niederen Pflanzen treten diese Produkte zurück, ohne völlig zu fehlen.

In den letzten Jahren konnte geklärt werden, daß der Ausfall oder die mangelnde Aktivierung von Genen die Ausbildung jenes Enzyms unterbindet, das bei der Umwandlung des Phenylalanins und Tyrosins eine Rolle spielt. Es kann dann beim Tier zu teilweise erheblichen Störungen kommen. Wird z. B. Phenylalanin nicht in Tyrosin verwandelt, so kann der Tyrosinmangel durch die Nahrung noch ausgeglichen werden. Es kommt aber zu einer Anhäufung von Phenylalanin, das in Phenylbrenztraubensäure übergeht. Diese wird im Harn ausgeschieden oder noch weiter abgebaut. Beim Kind kann aber ein Teil dieses Stoffes verbleiben und zu schweren Störungen der Entwicklung führen und besonders das Gehirn beeinträchtigen. Diese ,,Phenolketonurie" genannte Krankheit ist die Ursache eines Schwachsinns, der im Kindesalter ausgebildet wird und durch eine an Phenylalanin arme Kost überwunden werden kann. Fehlt das Enzym Tyrosinase, das Tyrosin umwandelt, so kann kein Melanin gebildet werden und es kommt zum Albinismus, zu einer mangelnden Pigmentierung der Haare, der Haut, der Augen, wodurch eine größere Lichtempfindlichkeit bedingt ist. Mangelt das Enzym, das den Tyrosinabbau über

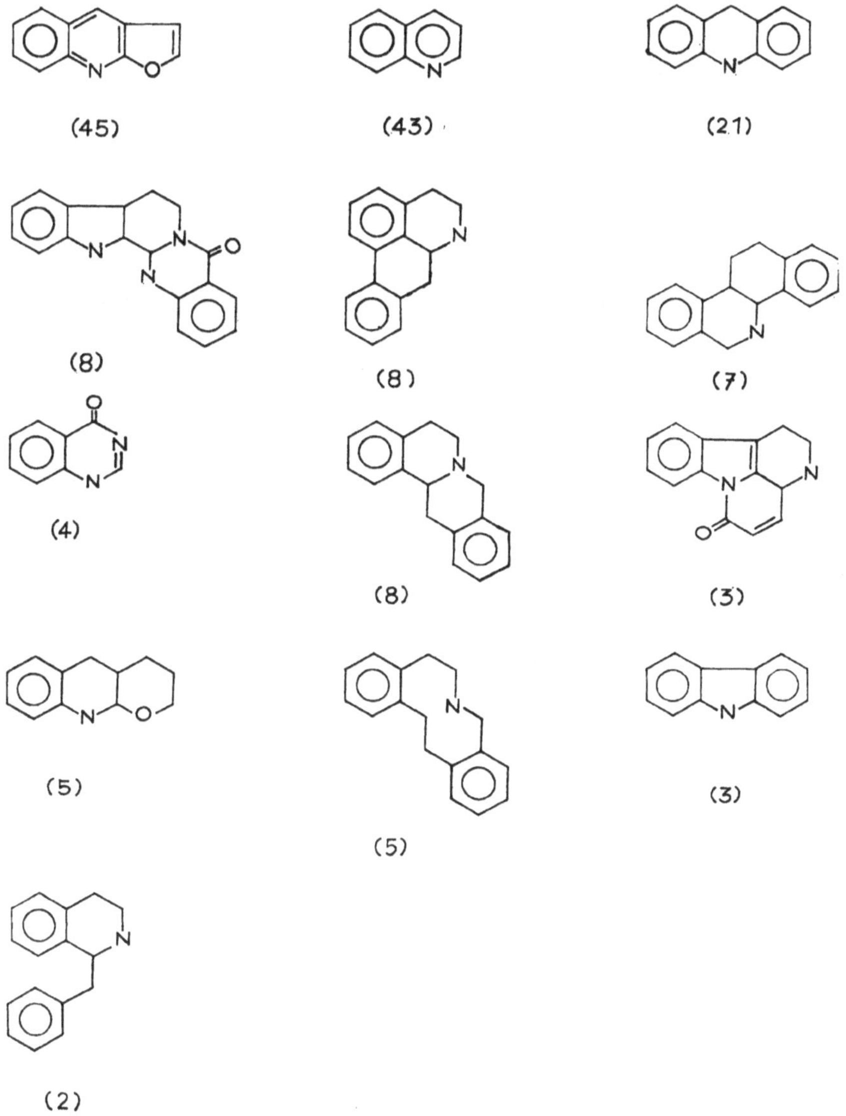

Alkaloid-Typen der Rutaceen

die Homogentisinsäure hinaus führt, so wird diese Säure mit Alkali zum schwarzen Oxydationsprodukt (Alkapton) verwandelt, das den Harn dunkel färbt (Alkaptonurie) und sich im Gelenkknorpel ablagert. Neuerdings wird bekannt, daß auch die Schüttellähmung (PARKINSONsche Krankheit) auf einer Störung des Tyrosin-Stoffwechsels beruht (Mangel an Dopamin).

Es kann keinem Zweifel unterliegen, daß die aromatischen Aminosäuren Phenylalanin, Tyrosin und Tryptophan eine ganz besondere Rolle im Sekundärstoffwechsel spielen. Keine andere Aminosäure ist ihnen in dieser Beziehung gleichwertig. Das mag mit der Kompliziertheit des totalen Abbaues und mangelnder völliger Eliminierung der Aromaten zusammenhängen.

Dabei habe ich übergangen, daß nicht nur Folgeprodukte der Aromaten im Spiele sind, sondern auch ihre Vorstufen, z. B. die Chorisminsäure und die Anthranilsäure, die Ausgangsstoff nicht nur der Synthese des Tryptophans und Tyrosins sind, sondern einer großen Zahl anderer physiologisch weniger bedeutender Stoffe. Die Schwierigkeit des Abbaues mag auch bei den verzweigtkettigen Aminosäuren Leucin und Valin Ursache dafür sein, daß sie häufig in die Synthese von Sekundärstoffen eingeschleust werden. Doch soll man nicht übersehen, daß auch andere Aminosäuren im Sekundärstoffwechsel engagiert sind, vor allem die basischen, wie Arginin, Lysin und solche, die hochaktive reaktionsfähige Abbauprodukte liefern. Und wenn ich Vollständigkeit anstreben wollte, müßten hier auch die Purine und Pyrimidine — Bausteine der Nukleinsäuren — genannt werden, von denen viele Wege zu Sekundärstoffen führen.

Die enge Beziehung zwischen funktionslos gewordenen Exkreten, nicht unmittelbar lebensnotwendigen aber funktionstüchtigen Stoffen und in zentraler Position befindlichen Akteuren des Stoffwechsels und der Entwicklung ist in der Reihe der Tetrapyrrol-Farbstoffe gegeben. Diese 4 Pyrrole können durch Methinbrücken zu Porphyrin-Ringen zusammengeschlossen sein, die mit Eisen verbunden Häm (1.) geben, jenen Farbstoff, der mit Globinen zusammen das Hämoglobin bildet, die aber auch als wichtige Elektronentransporter — Cytochrome — in der Atmungskette von Tier und Pflanze und in der Photophosphorylierung eine zentrale Funktion haben. Sie bilden auch mit anderen Proteinen verschiedene Oxydationsenzyme wie Cytochromoxydase, Katalase, Peroxydase u. a. m. Der Porphyrin-Ring kann mit Magnesium verbunden in die Chlorophylle (2.) eingehen. Man gewinnt den Eindruck, daß alles derzeit beobachtbare Leben an die Existenz der Porphyrine gebunden ist, und es wird diskutiert, daß Porphyrine zu jenen Stoffen gehören, die vor der Entstehung des Lebens aus der sauerstoff-freien Uratmosphäre der Erde entstanden sein könnten, wie das für einige Aminosäuren sehr wahrscheinlich gemacht worden ist.

Der physiologische Abbau der Hämine führt bei den Säugetieren zu verschieden gefärbten Stoffen, die der Galle, dem Harn, den Faeces eine charakteristische Farbkomponente geben und von denen das Bilirubin (3.) hier aufgeschrieben ist. Es entsteht durch Sprengung des Porphyrin-Ringes und Abspaltung einer Methingruppe und des Eisenatoms. Diese Stoffe sind typische Exkrete.

In einigen Algen gibt es analog gebaute rote und blaue Farbstoffe, die Phycobiline, für die das Phycocyanobilin (4.) hier aufgezeichnet ist. Diese Farbstoffe sind mit Eiweiß verbunden. Wahrscheinlich sind sie aber nicht Produkte des Chlorophyllabbaues, sondern selbständig aus prinzipiell gleichen Vorstufen wie dieses entstanden. Sie stellen akzessorische Pigmente des photosynthetischen Systems dar, die das Chlorophyll bei der Lichtausnutzung unterstützen, ohne jedoch wie dieses in den Prozeß der Photophosphorylierung eingebaut zu sein. Das Vorkommen dieser Stoffe bei Cryptomonaden, Cyanophyceen (Blaualgen) und Rhodophyceen (Rotalgen) macht es wahrscheinlich, daß sie unabhängig voneinander in der Phylogenie der Pflanze aufgetaucht sind.

Diese akzessorischen Pigmente sind nicht unerläßlich für die Photosynthese, aber sie sind von Nutzen, weil sie noch Lichtenergie in Spektralbereichen zu absorbieren und an das Chlorophyll weiter zu geben vermögen, in denen das Chlorophyll nicht mehr wirken kann, z. B. in etwas größerer Tiefe des Meeres.

Diese Erfindung ist in der weiteren Phylogenie der Pflanzen nicht mitgeschleppt worden, jedenfalls nicht als Photosynthesepigmente, vielleicht weil die „grünen" Pflanzen andere Wurzeln haben, vielleicht aber auch aus ganz anderen Gründen. Jedenfalls muß auch die höhere Pflanze Gene für die Bildung solcher oder ähnlicher Stoffe haben, denn es gibt noch ein anderes, ebenfalls proteingebundenes, bläuliches Pigment, das Phytochrom, das in geringsten Konzentrationen vorkommt und auf dessen Vorhandensein aus seiner hohen spezifischen Effektivität geschlossen worden ist. Seine Formel (5.) ist noch nicht ganz gesichert. Aber fest steht, daß es den Phycobilinen sehr nahe steht. Es ist existent in zwei ineinander überführbaren Varianten:

P_R und P_{DR}, das soll heißen, daß die eine Variante im Hellrot absorbiert, die andere im Dunkelrot. Dieses System ist für eine Reihe von Lichtreaktionen im Spiel: bei der Keimung lichtabhängiger Samen, beim Wachstum von Keimblättern, bei der Synthese des Anthocyans, bei der Bildung der Chloroplasten u. a. m. Es hat eine zentrale Stellung mindestens im Leben der höheren Pflanzen, aber wohl auch der Algen.

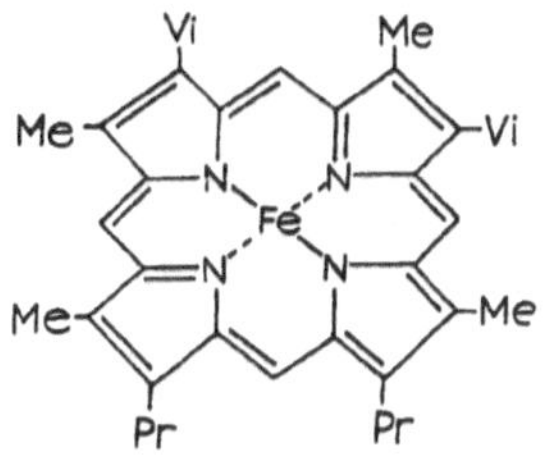

1. Häm

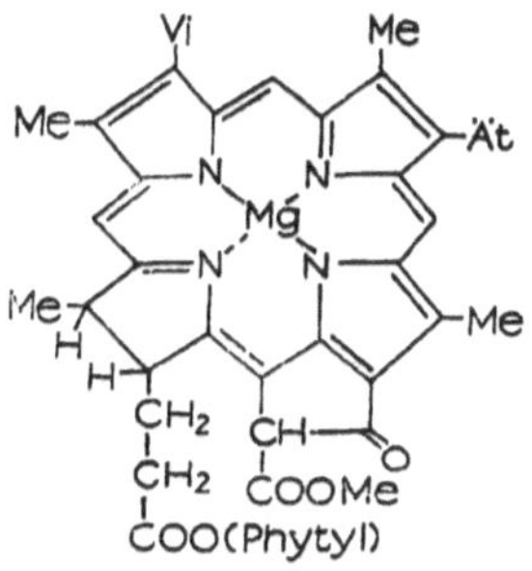

2. Chlorophyll a

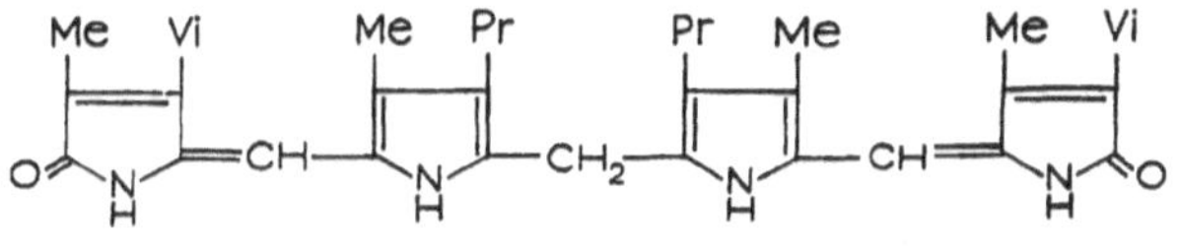

3. Bilirubin

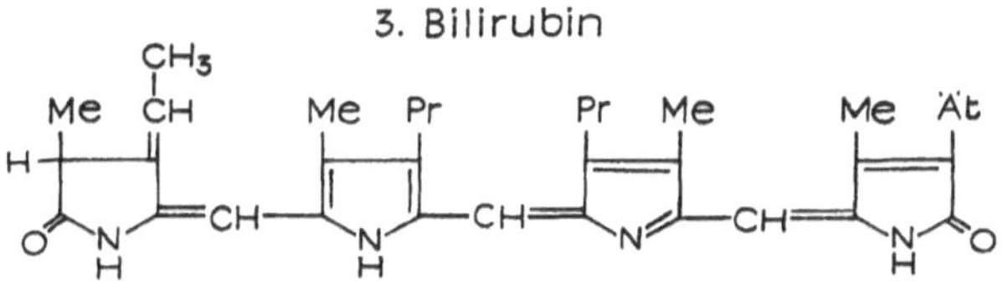

4. Phycocyanobilin (?)

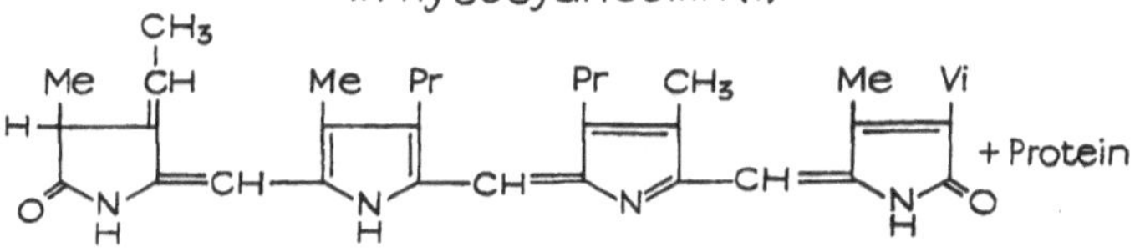

5. Phytochrom (P_R) (?)

(Vorschlag von H. H. Kroes, 1970)
Me = Methyl Ät = Äthyl Vi = Vinyl Pr = Propionyl

So wie das Phytochrom allein auf Grund seiner Wirkung vermutet wurde und nicht, weil es sich unserem Auge als Farbstoff verrät — dafür ist seine Konzentration viel zu gering —, kann es noch andere Phycobilinen chemisch zuzurechnende Stoffe geben, die keine physiologische Wirkung haben und sich nicht verraten. Bei der großen Ähnlichkeit zwischen Phycocyanobilin und Phytochrom ist es durchaus möglich, daß allverbreitete Gene im Spiele sind. Sie sind aber nicht überall effektiv, sie bedürfen eines Substrates, das sie aktiviert. Und ein Funktionswechsel eines Stoffes vom akzessorischen Photosynthesepigment zum hormonähnlichen Akzeptor von Lichtreizen könnte phylogenetisch solch große Zeiträume benötigen, daß in einem langen Interim diese Stoffe wohl da wären oder zumindest programmiert, aber noch ohne Funktion. So kann jederzeit aus der Fülle der Sekundärstoffe dieser oder jener plötzlich vom nutzlosen Exkret zum Wirkstoff werden, wenn nur die Strukturen ausgebildet worden sind, die seine neue Funktion ermöglichen oder erfordern.

Ich habe mich hier in erster Linie mit Aminosäuren und daraus ableitbaren Derivaten beschäftigt, nicht weil ich diese Stoffgruppe für die wichtigste halte, sondern nur, weil mein Laboratorium gerade in diesem Bereich größere Erfahrungen gesammelt hat. Natürlich schließt die Verschiedenartigkeit der Aminosäuren auch eine große Mannigfaltigkeit der daraus abzuleitenden Sekundärstoffe ein.

Aber nicht weniger faszinierend ist die Leistung des Stoffwechsels, die er mit einem der einfachsten Primärstoffe vollbringt, mit der Essigsäure, die in Verbindung mit dem kompliziert gebauten Coenzym A als „aktivierte Essigsäure" (= Acetyl—CoA = CH_3COCoA) eine außerordentliche Aktivität besitzt. Wir begegnen ihr deshalb in vielerlei Reaktionen des Grundstoffwechsels der Atmung, der Synthese von anderen Säuren, der Aminosäuren, der Fette u. a. m.

A $CH_3CO-CoA$
Acetyl-Coenzym A

B $[CH_3 \cdot CO-CH_2 \cdot CO-CH_2 \cdot CO-CH_2 \cdot CO-CH_2 \cdot CO.....COOH]$
hypothetische Polyketosäure

C $CH_3 \cdot CH_2 \cdot (CH_2)_4 \cdot CH_2 \cdot CH_2 \cdot CH_2 \cdot CH_2 \cdot CH_2 \cdot CH_2 \cdot (CH_2)_4 \cdot CH_2 \cdot COOH$
Stearinsäure

D $CH_3 \cdot (CH_2)_4 \cdot CH=CH \cdot CH_2 \cdot CH=CH \cdot CH_2 \cdot CH_2 \cdot CH_2 \cdot (CH_2)_4 \cdot COOH$
Linolsäure

E $CH_3 \cdot CH_2 \cdot (CH_2)_4 \cdot CH_2 \cdot CH_2 \cdot CH_2 \cdot CH_2 \cdot CH_2 \cdot CH_2 (CH_2)_4 - \overset{CH_3}{\overset{|}{C}}H \cdot COOH$

F $CH_3 \cdot C \equiv C-C \equiv C-CH=CH-COOH$
Dehydromatricariasäure

Dieses Acetyl—CoA kann in verschiedener Weise neuartige Moleküle ohne wesentliche Beteiligung anderer Bausteine hervorbringen.

1. Aktive Essigsäure (A) kann durch Kopf-Schwanz-Kondensation längere Kohlenstoffketten bilden, wie sie z. B. für die lebenswichtigen Fettsäuren (C) erforderlich sind. Diese können durch Einziehung von Doppelbindungen (D) oder nachträgliche Verzweigung (E) oder durch Abspaltung der COOH-Gruppe mannigfaltige Veränderung erfahren, die z. B. zur Synthese von Wachsen, Kutinen und Suberinen führt, die auf der Oberfläche der pflanzlichen Organe die Benetzung und die unkontrollierte Wasserabgabe erschweren. Eine neue Stoffklasse (F) mit Dreifachbindungen (also Acetylenderivate) wurde erst in den letzten Jahren bei Mikroorganismen und in einigen höheren Pflanzenfamilien — z. B. Kompositen — in zahlreichen Varianten gefunden.

Ein Molekül, wie es unter B aufgezeichnet ist, kann unter Umständen unter Beteiligung auch anderer niedermolekularer Säuren und Aminosäuren zur Synthese vielgliedriger großer Ringsysteme führen, die durch Unterteilung besondere Stabilität erlangen. Unter G ist die Ableitung des Pyrromycinons von 9 Molekülen Acetat und 1 Molekül Propionat dargestellt. Hier handelt es sich um ein von Actinomyceten synthetisiertes Antibiotikum. Die Antibiotikagruppe der Tetracycline könnte z. B. aus 8 Molekülen Acetat und 1 Molekül Malonamid gebildet werden (H), wobei die seitenständige Methylgruppe nachträglich eingefügt wird.

Es ist auffällig und wahrscheinlich charakteristisch, daß kürzere Ketten als Zwischenstoffe der langkettigen Moleküle nicht gefunden werden, wie auch der Typ B hypothetisch ist. Vielleicht hängt das damit zusammen, daß diese Synthesen an Multienzymkomplexen erfolgen, jenen schon genannten geordneten Vereinigungen von verschiedenen Enzymen, die für die einzelnen Syntheseschritte verantwortlich sind. Diese Komplexe sind offenbar die Ursache dafür, daß die Zwischenprodukte gar nicht freigesetzt werden, so daß auch zeit- und materialverschwendende Stoffwanderungen vermieden werden.

Bei „niederen“ Organismen kann die aktive Essigsäure auch durch aktive Propionsäure ersetzt werden. Es können auch ganz ungewöhnliche Zucker mit den Ringsystemen kondensiert werden, so daß sich dem Naturstoffchemiker eine ganze Welt verschiedenartigster Stoffe eröffnet

G

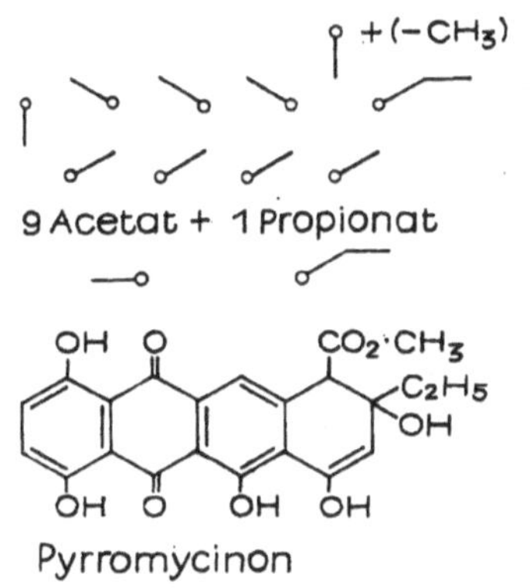

H

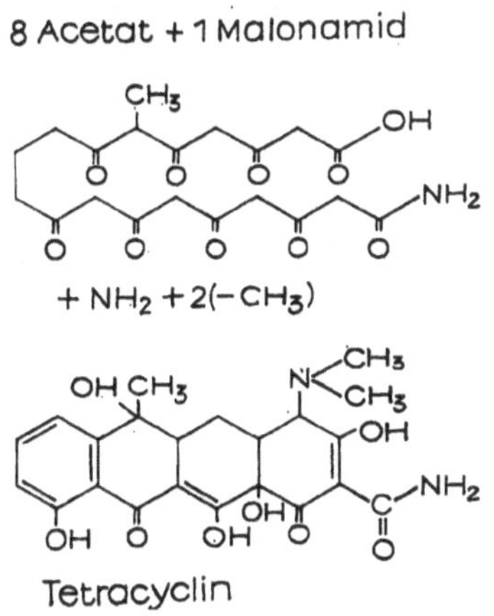

hat, die deshalb so intensiv erforscht worden ist, weil viele dieser Stoffe als Antibiotika therapeutisches Interesse besitzen. Vor 30 Jahren wußte man von diesen in die Tausende gehenden Verbindungen nichts.

2. So wie es bei den Tetracyclinen für den ersten Ring erreicht ist, kann die Kopf-Schwanz-Kondensation der Essigsäuremoleküle auch zur Synthese aromatischer Verbindungen führen. So ist das bereits erwähnte System der flavonoiden Farbstoffe ein zusammengesetztes System, wobei der eine Partner sich von der Zimtsäure ableitet, der andere (Benzol) aber von 3 Molekülen Acetat. Das ist für die blaue Komponente (I) des Kornblumenfarbstoffes (Cyanidin) dargestellt.

I

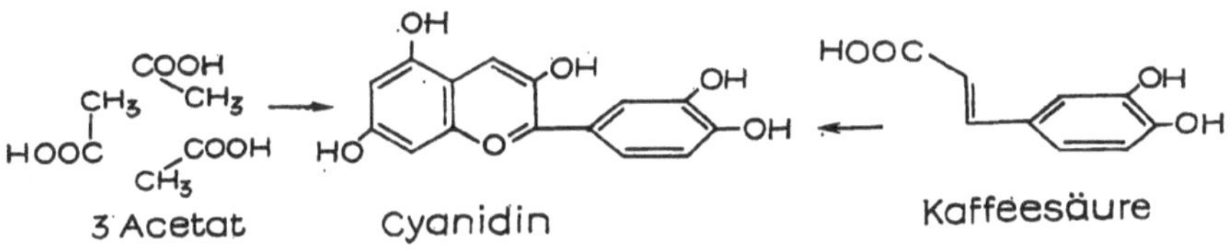

K

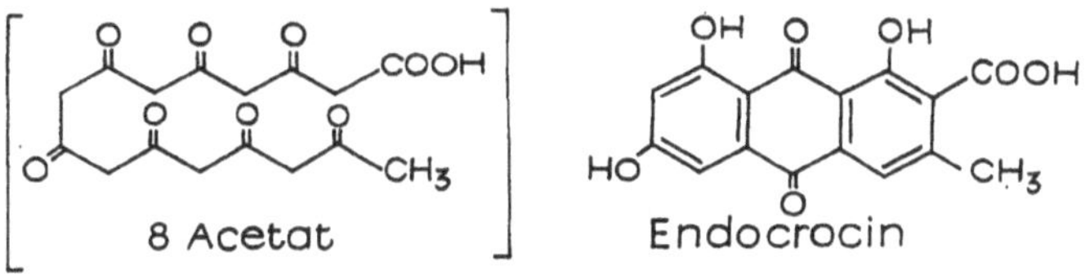

L

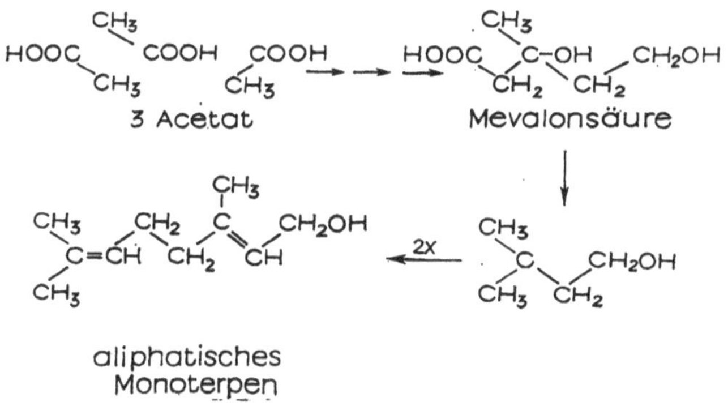

Ein kompliziertes aromatisches System (ein Anthracen) ist das Anthrachinon Endocrocin (K), das in Flechten und Pilzen vorkommt. Auch dieses entsteht aus Acetatbausteinen in einem komplizierten Prozeß. Solche Anthrachinone sind weit verbreitet und haben häufig therapeutischen Wert, z. B. im Rhabarber, doch werden in höheren Pflanzen diese Anthrachinone auf einem anderen Weg aus Chorisminsäure gebildet.

M

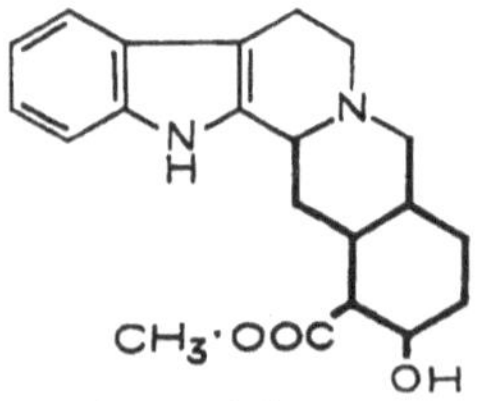

Yohimbin

— = Tryptamin-Skelett
— = Monoterpen-Skelett

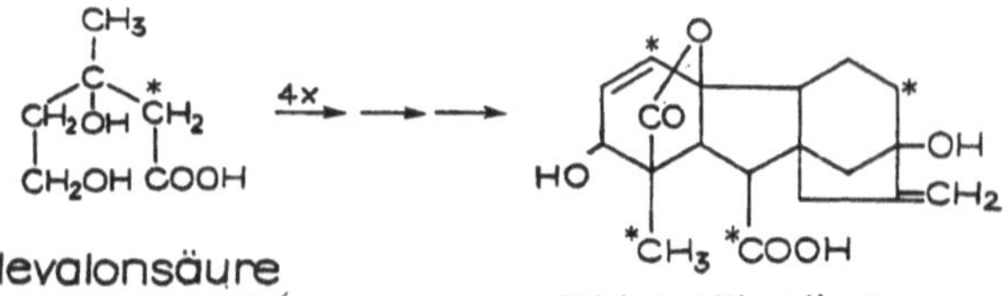

Mevalonsäure (am C_2 radioaktiv markiert)

Gibberellinsäure (*radioaktive C-Atome)

Es ist übrigens eine gar nicht so seltene Tatsache, daß gleiche Verbindungen in verschiedenen Pflanzengruppen auf sehr verschiedenen Wegen entstehen. So kann der Sechser-Ring des Benzols auch aus Kohlenhydraten gebildet werden wie bei den bereits behandelten Aminosäuren Tyrosin und Tryptophan. Er kann auch durch Aromatisierung aus cyclischen Terpenen entstehen.

3. Diese Terpene stellen eine weitere, in der Regel aus Acetat aufgebaute Stoffgruppe dar von einer schier unübersehbaren Mannigfaltigkeit. Sie gehen auf die Mevalonsäure zurück, bei deren Synthese 3 Acetate zu einer verzweigten Kette verbunden werden, die das Gerüst eines „Isoprens" ergeben, wobei eine COOH-Gruppe verlorengeht. Zwei Isoprene liefern ein Monoterpen, dessen Kette weiter verlängert werden kann: Sesquiterpene, Diterpene usw.

Die Monoterpene, die auch als cyclische Verbindungen auftreten, bilden den größeren Teil jener Stoffe, die wir durch den Duft der ätherischen Öle wahrnehmen. Dazu gehören z. B. das Menthol der Pfefferminze, die Duftstoffe des Rosenöls und der Orangenblüten. Monoterpene können auch mit Tryptophan kondensieren und so die vielgestaltigste und umfangreichste Gruppe von Alkaloiden bilden, die Indole und Terpene zugleich sind. Auf Seite 15 habe ich auf das Vorkommen dieses Alkaloidtyps hingewiesen. Ein Beispiel ist das Yohimbin (M).

Die Diterpene mit 20-C-Atomen umfassen eine große Stoffgruppe. Vom pflanzenphysiologischen Gesichtspunkt her ist interessant, daß das Hormon der Achsenstreckung — das Gibberellin — ein Diterpen ist. Seine Herkunft aus Mevalonsäure ist bewiesen. Es gibt mehr als 20 Stoffe, die ihrem Molekülbau nach zu den Gibberellinen gehören. Nicht alle sind als Hormone aktiv. Das wichtigste ist die Gibberellinsäure (GA_3). Sie ist ein schönes Beispiel dafür, daß in der Evolution offenbar aus einer großen Zahl von Stoffen ohne physiologische Funktion einer „zum Zuge" kommt und zu einem wahrscheinlich nicht ersetzbaren Akteur im Leben der höheren Pflanze wird.

Zu den Triterpenen mit 30 Kohlenstoffatomen gehören die Steroide, eine Gruppe von zur Zeit etwa 1000 Stoffen, von denen das im Tier, aber auch in vielen Pflanzen vorkommende Cholesterin eine zentrale Stellung einnimmt. Es entsteht aus sechs Molekülen Mevalonsäure, die unter Verlust von sechs COO-Gruppen zum offenkettigen Squalen kondensieren (mit 30-C-Atomen), das zu Lanosterol cyclisiert wird und von dem sich Cholesterin und viele andere Steroide ableiten.

Man darf wohl in solchem Zusammenhang an jene Tage erinnern, als es WINDAUS nach 30jährigem Bemühen gelungen war, die chemische Struktur des Cholesterins aufzuklären. Es eröffnete sich eine neue wissenschaftliche Welt, die noch immer Offenbarungen liefert. Es wurde nicht nur der Zusammenhang des Cholesterins mit den schon lange bekannten Gallensäuren deutlich, die zum Teil als typische Abbausekrete ausgeschieden werden, zum Teil aber im Fettstoffwechsel noch Funktionen erfüllen, sondern auch der Zusammenhang mit dem Vitamin D, mit den Geschlechtshormonen oder mit den Hormonen der Nebennierenrinde, z. B. Cortison. Der Cholesterinabbau liefert also Stoffe, die ganz entscheidende Positionen im Stoffwechsel und in der Entwicklung der Tiere einnehmen.

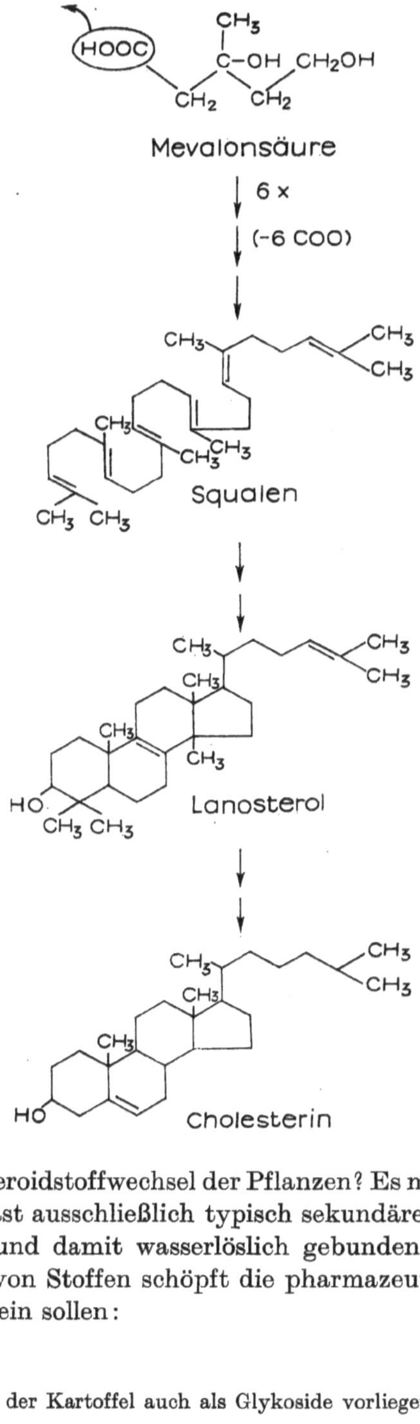

Und wie steht es mit dem Steroidstoffwechsel der Pflanzen? Es mögen heute etwa 1 000 Steroide bekannt geworden sein, die fast ausschließlich typisch sekundäre Pflanzenstoffe sind und meist mit Zuckern zu Glykosiden und damit wasserlöslich gebunden in den Vakuolen gespeichert werden. Aus diesem Arsenal von Stoffen schöpft die pharmazeutische Chemie wichtige Therapeutika, von denen genannt sein sollen:

die herzwirksamen Glykoside,
die neutralen Saponine,
die Steroidalkaloide, die z. B. in der Kartoffel auch als Glykoside vorliegen, in anderen Pflanzen aber frei von Zucker existieren.

Und es ist eines der seltsamen Spiele der Natur, daß in seltenen Fällen auch das Tier aus Grundsteroiden Alkaloide synthetisieren kann durch Einbau von Ammoniak. Das erfolgt z. B. bei einigen Salamandern (Samandarin). Über diese tierischen Sekundärstoffe ist noch zu sprechen. Es ist wahrscheinlich, daß auch die Pflanze nicht nur Steroidexkrete bildet, sondern daß einzelne Steroide physiologische Funktion haben. Damit ist aber das Heer der aus der Essigsäure über die

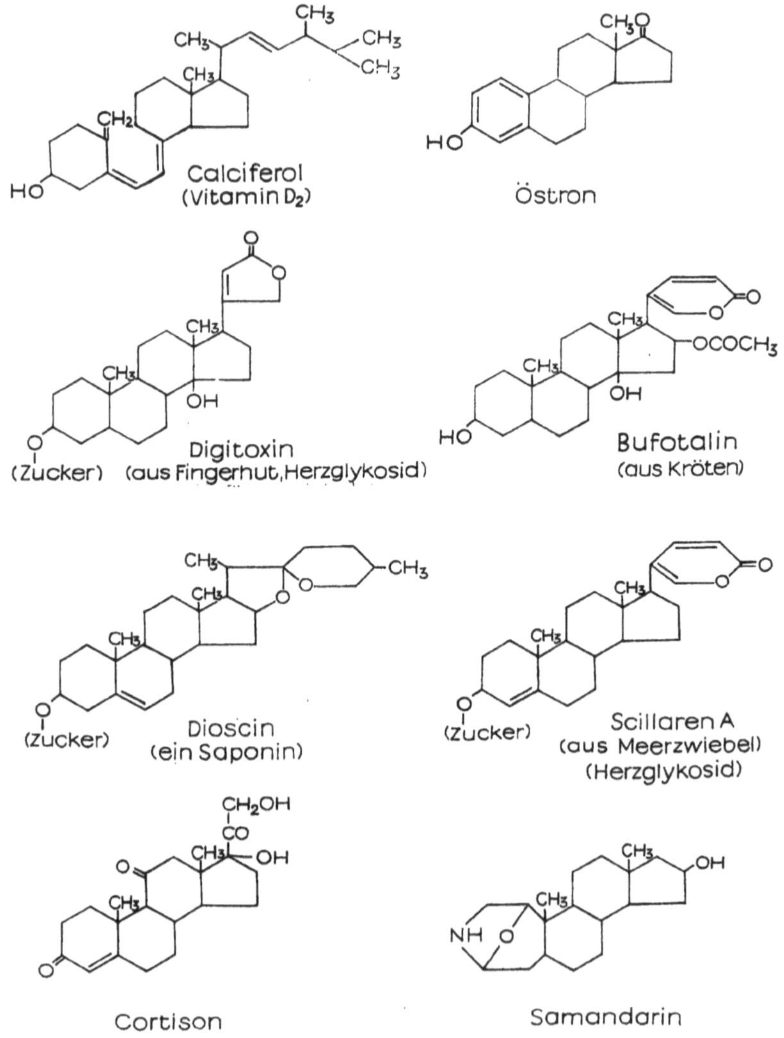

Mevalonsäure gebildeten terpenoiden Sekundärstoffe noch nicht erschöpft. Die aus vier Monoterpenen aufgebauten meist gelben oder roten Farbstoffe, die Carotinoide (Karottenfarbstoff) sind hier anzuschließen, die bei Pflanzen als ständige Begleiter des Chlorophylls funktionell nicht unwichtig in die Chloroplasten eingebaut sind und als typisch metabolische Exkrete Früchten und Blüten Farbe geben. Einige von ihnen wie das β-Carotin sind Muttersubstanz — Provitamin — des Vitamins A, dessen Fehlen schwere Entwicklungsstörungen bei Tieren und Menschen auslöst und das in engster Beziehung zu jenen Pigmenten steht wie z. B. dem 11-cis-Retinin der Stäbchenzellen der Netzhaut, die für die Lichtwahrnehmung von entscheidender Bedeutung sind. Darüber hinaus kommen Carotinoide in allen Pflanzengruppen vor, aber auch in vielen Tieren. Sie sind an der Ausfärbung der Fiedern vieler Vögel und der Panzer und Flügel von Arthropoden beteiligt. Aber die Tiere vermögen auffälligerweise diese Tetraterpene nicht selbst zu synthetisieren, obwohl sie die kompliziert erscheinenden Steroide aufbauen können. Das Tier entnimmt die Carotinoide der pflanzlichen Nahrung. Bei Mangel an Carotinoiden bleiben z. B. Kanarienvögel weiß.

Für die Tri- und Tetraterpene gilt wieder das gleiche Bild: Aus einer Unzahl möglicher Varianten nimmt die Pflanze ohne erkennbaren Nutzen eine ungerichtete Auswahl vor und

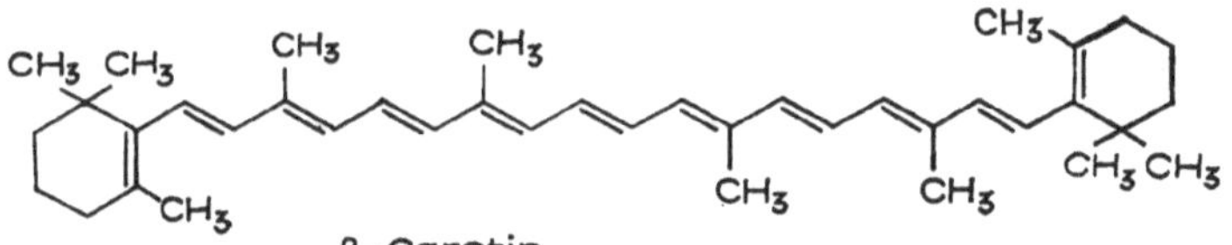

β-Carotin

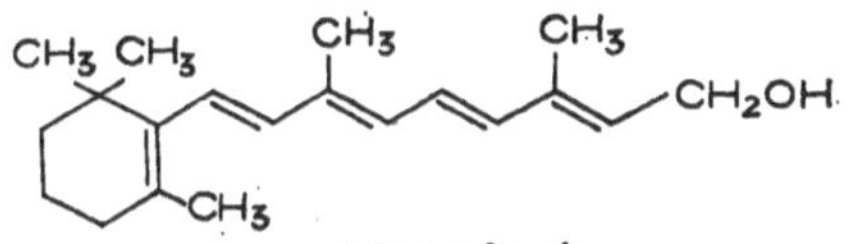

Vitamin A

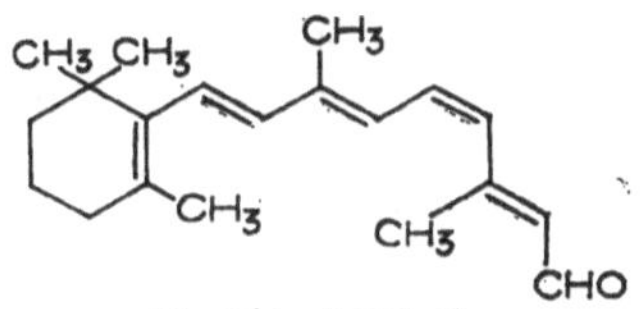

11-cis-Retinin

akkumuliert diese Stoffe. Nur einige haben eine bescheidene Funktion im Zuge der Evolution zugeteilt bekommen. Das Tier aber, das in seinen synthetischen Möglichkeiten beschränkt erscheint, bildet der Zahl nach bescheidene, der Funktion nach aber lebenswichtige Steroide oder Umwandlungsprodukte der Carotinoide.

Um den Reichtum an chemischen Möglichkeiten in den Pflanzen zu verdeutlichen, verweise ich auf jene Bakterien und Pilze, die an einigen ihnen dargebotenen Steroiden — z. B. dem Saponin Dioscin — chemische Veränderungen derart vornehmen können, daß diese Stoffe in hochwirksame tierische Hormone überführt werden, wie z. B. bei der Synthese der Cortisone. Solche tierischen Hormone sind selbst oder in chemisch bescheiden abgewandelter Form von großem therapeutischen Wert. Sie können aus Tieren nicht in genügender Menge isoliert werden und die rein chemische Überführung genügender Mengen von Tier- oder Pflanzensteroiden in solche Heilmittel ist zu aufwendig. So benutzt die moderne Heilmittelindustrie Mikroorganismen, um chemisch schwer durchführbare Reaktionen zu meistern. Dabei haben diese Mikroben in ihrer eigenen Entwicklung kaum Gelegenheit gehabt, solche chemischen Künste zu entwickeln und zu selektionieren. Es steckt also in den Organismen Bereitschaft zu komplizierten Umsetzungen ganz spezifischer Art. Das ist ein Analogon zu dem bei der Umwandlung von Thebain in Codein und Morphin Gesagten.

Die einzelnen Arten unterscheiden sich aber nicht allein in der Produktion metabolischer Exkrete, sie unterscheiden sich auch in den normalerweise verborgen bleibenden Potenzen. Nur eine Auswahl von Pilzen und Bakterien ist z. B. in der Lage, die Oxydation der Grundsteroide zu Cortisonen durchzuführen.

Ich müßte diese Beschreibung der von der Essigsäure abzuleitenden Sekundärstoffe noch weiterführen und z. B. Kautschuk und Guttapercha als typische metabolische Exkrete behandeln, aber dazu reicht die Zeit eines Vortrags nicht aus. Denn mit diesen Derivaten der Essigsäure und verwandter sehr einfacher Säuren ist die Welt der Sekundärstoffe noch nicht erschöpfend behandelt. Da sind z. B. noch die Kohlenhydrate zu nennen, deren einfachste, Traubenzucker, Fruchtzucker, Rohrzucker, Malzzucker, in den höheren Pflanzen allgemein verbreitet sind. Es gibt nicht viele Beispiele für Varianten dieser Grundstoff-Kohlenhydrate in den höheren Pflanzen. Aber es ist seit jüngster Zeit bekannt, daß in Pilzen, Aktinomyceten und Bakterien eine sehr große Zahl aberranter Zuckerarten vorkommen, die zum Teil am Aufbau von Antibiotika beteiligt sind. Man kann also aus der Erfahrung mit den Alkaloiden und Steroiden nicht generell schließen, daß Sekundärstoffe in erster Linie ein Produkt höherer Entwicklung sind. Man ist geneigt anzunehmen, daß die Fähigkeit, gewisse Sekundärstoffe niederer Pflanzen zu bilden, im Zuge der Phylogenie verloren gegangen ist oder daß die Entwicklung der höheren Pflanzen schon auf früher Stufe chemisch ganz andere Wege eingeschlagen hat.

Die Überlegenheit der Pflanze bei der Bildung und Anhäufung von Sekundärstoffen hoffe ich deutlich gemacht zu haben. Es ist nun notwendig, zu den schon genannten Beispielen von tierischen Sekundärstoffen noch einiges hinzuzufügen. Ich habe z. B. von Pigmenten der Panzer und der Flügel von Insekten gesprochen. Dort sind Sekundärstoffe in nicht lebenden Bezirken des tierischen Organismus abgestellt. Solche Bezirke sind auch die Drüsentaschen einiger Salamander, die Steroid-Alkaloide enthalten, oder einiger Kröten, die herzwirksame Steroide führen können. Diese Stoffe mögen dort die Funktion von Abwehrgiften haben (vgl. HABERMEHL).

Solche Wehrexkrete sind bei einigen Käfern, bei Tausendfüßlern, bei Heuschrecken in den letzten Jahren in größerer Zahl untersucht worden mit zum Teil erstaunlichen Ergebnissen (vgl. SCHILDKNECHT, REICHSTEIN). Man muß dabei in ihrer Biogenese zu unterscheidende Hauptgruppen von Stoffen auseinanderhalten. In dem einen Fall — z. B. bei Heuschrecken der Halbwüsten — werden Herzglykoside aus der Nahrung aufgenommen. Es ist schon erstaunlich, daß Heuschrecken wie *Poekilocerus bufonius* sich vornehmlich von Pflanzen ernähren, die solche Cardenolide enthalten, z. B. aus der Familie der Asclepiadaceen *Calotropis procera* und *Pergularia tomentosa* und aus der Familie der Apocynaceen Oleander. Das Herzgift wird als Glykosid (!) in den Giftdrüsen gespeichert und bei Reizung gezielt ausgespritzt. Die Konzentration der Gifte (Histamin, Calotropin) ist genügend hoch, um eine schnelle Wirkung zu erzielen. Auch Schmetterlinge können Cardenolide in der Lymphe in beachtlichen Mengen speichern.*)

Im Gegensatz dazu wird bei Kröten in den Drüsentaschen der Haut vorkommendes herzwirksames Bufogenin und Bufotoxin im Tier aus Cholesterin selbst gebildet. Das gilt auch für die Alkaloid-Steroide der Farbfrösche, der Salamander u. a.

Bei Land- und Wasserkäfern, bei Tausendfüßlern und anderen Arthropoden finden sich in besonderen Drüsentaschen Giftstoffe von hoher Effektivität und in zum Teil unwahrscheinlich hohen Konzentrationen, wobei noch begleitende Lösungs- und Permeationsvermittler — z. B. lipophile Aliphate — die Sicherheit der Wirkung erhöhen. So können fast reine Methacrylsäure oder 12% Ameisensäure oder m-Kresol, verschiedene Chinone angehäuft werden. Gelegentlich werden brisante Mischungen in besonderen Drüsenkammern hergestellt, z. B. aus einer 40 bis 60%igen Eiweißlösung mit 28% (!) Wasserstoffsuperoxyd und Hydrochinonen, wobei Sauerstoff und Chinone entstehen, die explosionsartig ausgeschleudert werden. Dazu kommen bei Schwimmkäfern u. a. Nervengifte vom Typ des Cortexons, also wiederum Steroide.

Von besonderem Interesse ist auch die animalische Produktion von Abwehrgiften mit ausgesprochen „pflanzlichem" Charakter, von Cyanhydrinen, aus denen bei entsprechender Reizung durch ein Enzym Blausäure freigemacht werden kann oder von Chinazolonen, Alkaloiden, die bei den Tieren wahrscheinlich nach dem gleichen Schema wie bei höheren Pflanzen synthetisiert werden.

---

*) Nachtrag während der Korrektur: Daß durch die Nahrung aufgenommene körperfremde, toxische Stoffe in das Wehrsekret sezerniert werden können, zeigt der Fund von 2,5-Dichlorophenol, einem Herbizid, in den Wehrdrüsen der Heuschrecke *Romalea microptera* (EISNER et al.: Science **172**, 277, 1971).

Auch bei Mollusken, Fischen, Echinodermen und anderen Meerestieren sind hochwirksame Gifte gefunden worden, die im Stoffwechsel des Produzenten selbst keine Funktion haben dürften, sondern eher ökologisch in die Gruppe der Abwehrstoffe einzureihen sind.

Schließlich müssen wir zu den tierischen Sekundärstoffen auch jene flüchtigen Verbindungen zählen, die als Brunststoffe der Anlockung der Geschlechter dienen. Diese Stoffe gehören zu verschiedensten chemischen Gruppen und sind bisher nur in bescheidenem Maße untersucht. Im übrigen muß man bedenken, daß die riesige Zahl der bekannten Insekten noch viel verbirgt, von dem bisher nur ein verschwindender Bruchteil untersucht ist. Und man darf auch erwarten, daß die Insektenpuppen, die einer Eliminierung der Exkrete weitgehend entbehren, der Pflanze ähnliche Synthesen betreiben können, um durch chemische Umsetzungen schädliche Anhäufungen von Produkten des Grundstoffwechsels zu vermeiden. Obwohl im einzelnen die Bewertung solcher Prozesse mit „Entgiftung" nicht unproblematisch ist, wird die Stabilisierung solcher Produkte durch Ringschlüsse, Methylierung usw. sicherlich im Einzelfalle Bedeutung erlangen.

Die hier genannten Beispiele der Produktion von Sekundärstoffen in Pflanzen stellen eine Auswahl dar, die den Umfang der chemischen Möglichkeiten nur ahnen läßt. Es sind z. B. nicht behandelt die Schwefel führenden Lauchöle der Zwiebelgewächse, die scharfen Senföle der Kreuzblütler, der Kapuzinerkressen und der Kapern-Gewächse, die Blausäure enthaltenden Stoffe, die über das ganze Pflanzenreich verbreitet sind, die Zuckersäuren, das Heer der Flechtenstoffe, die noch nicht annähernd erforschte Mannigfaltigkeit der Gerbstoffe, die Leuchtstoffe einiger Bakterien, die Stilbene und Rotenone und Cumarine, die Pflanzenstoffe, die Selen oder Chlor oder Jod oder Brom enthalten usw. usw. Es werden monatlich etwa 3—4 neue Alkaloide gefunden und beschrieben und mindestens viermal soviel andere Sekundärstoffe.

Obwohl ich fürchte, daß das Vielerlei der genannten Stoffe vom Prinzipiellen abzulenken vermag, erschien es mir doch nötig, wenigstens einen bescheidenen Aspekt dieser chemischen Welt der Pflanze zu geben. Diese Stoffe sind nicht nur durch ihre therapeutischen Wirkungen oder ihre technischen Eigenschaften für uns Menschen von großem Wert, sondern ihre Kenntnis ist unerläßlich zur Erfassung der molekularen Großartigkeit des Lebendigen, die nicht minder charakteristisch ist wie die vielfach beschriebenen groben Gestaltungen und anatomischen Strukturen. Ich will abschließen mit einer Antwort auf die Frage, was diese nach Qualität und Quantität enorme Produktion von Sekundärstoffen für einen Sinn hat.

Eine ganze Reihe hervorragender Naturstoffchemiker sehen den Sinn der Existenz dieser Stoffe in ihren ökologischen Wirkungen. Ganz besonders wird die Abwehr von Tieren aller Art, aber auch von Pilzen und Bakterien herausgestellt, sowie die chemische Wirkung von Pflanze auf Pflanze, z. B. bei der Behauptung am Standort (Allelopathie). Es kann ebenso wenig darüber ein Zweifel bestehen, daß solche ökologischen Aufgaben einzelnen Stoffen zukommen, wie auch darüber, daß diese Aufgaben weit überschätzt werden. So sehr der Chemiker auf die Exaktheit seiner Wissenschaft stolz ist, auf biologischem Gebiet neigt er zu oft phantastischen Spekulationen und zeigt gar nicht das Verlangen, anthropomorphe Deutungen exakt, d. h. experimentell zu überprüfen. So ist diese Literatur auch voller sinnfälliger Widersprüche: z. B. wenn für die schon erwähnte Halbwüstenpflanze *Calotropis* gesagt wird, daß die scharfen und giftigen Stoffe ihres Milchsaftes sie vor Insektenfraß schützen und an anderer Stelle behauptet wird, daß gewisse Heuschrecken *Calotropis* fressen, um deren Herzgifte als Wehrstoffe in ihren exogenen Drüsen anzureichern.

Die Natur ist so großartig und vielseitig organisiert, daß Stoffe, die auf den einen potentiellen Pflanzenfeind abschreckend oder sogar giftig wirken, für den anderen anziehend und vielleicht wohlschmeckend sind. Die Antibiotikaforschung hat gezeigt, daß man einen Seuchenherd durch ein Antibiotikum meist nur vorübergehend tilgen kann. Dann kommen neue oder bisher unbekannte Rassen der gleichen Bakterienart, die gegenüber dem Antibiotikum resistent sind.

So hat auch der Kampf gegen Pflanzenparasiten durch die Entwicklung chemischer Mittel immer nur zu beschränkten Erfolgen geführt, indem die „Gewöhnung" der Parasiten auf dem

Wege der Selektion resistenter Mutanten leider meist sehr schnell vor sich geht. Und selbst die biologische Bekämpfung von Schädlingen hat bemerkenswerte Nachteile gezeigt, die uns mahnen, in dieser Methode kein Allheilmittel zu sehen.

Selbstverständlich läuft die Forschung Gefahr, auf ein blind endendes Gleis geschoben zu werden, wenn sie völlig negativ die Möglichkeit ökologischer Wirkungen der Sekundärstoffe beurteilt. Ohne Optimismus wird nichts gefunden! Aber es ist auch an der Zeit aufzuhören, die Natur mit romantischen Gefühlen zu betrachten. Vielleicht ist das Entscheidende an diesen Sekundärstoffen, daß sie nicht allein die große chemische Potenz des Pflanzenreiches demonstrieren, sondern auch, daß sie einen Fundus darstellen, aus dem im Zuge der Phylogenie diese oder jene Substanz herausgenommen wird und zur physiologischen Funktion gelangt.

So wie die Akkumulation dieser oft sehr wirksamen Stoffe besondere abschirmende Strukturen voraussetzt, damit diese Stoffe nicht zur Zerstörung der Pflanze selbst führen, so ist die Erhöhung der Funktion von einer fragwürdigen oder bescheidenen ökologischen Aufgabe zu einer lebensnotwendigen physiologischen an die Entwicklung von besonderen molekularen Strukturen gebunden, an denen sich die neue Funktion abspielt.

Die parallele Entwicklung von Chemismen und cytologischen Strukturen ist ganz besonders eindrucksvoll bei den Tieren. Man darf sagen, obwohl die Tiere nur eine bescheidene Produktion von Sekundärstoffen haben, sind in ihrer Phylogenie die meisten dieser Stoffe zu ökologischen Aufgaben gelangt oder zu physiologischen Funktionen erhöht worden. So imponieren auch die Wehrexkrete der Tiere gerade dadurch, daß zu ihrer Effektivität oft ein besonderer Mechanismus des Wirksamwerdens (z. B. gegenüber einem Feind) gehört. Über den Vorgang solcher Parallelentwicklungen wissen wir kaum etwas Gesichertes. Um so größer ist die spekulative Behandlung dieses Problems.

Die „Bewertung“ solcher stofflichen Merkmale ist also nur durch die Geschichte der Organismen möglich, durch ihre bisherige und ihre weitere Entwicklung. Aber wir dürfen diesen ungeheuren Vorrat an chemischen Möglichkeiten bestaunen und von daher eine Vorstellung gewinnen für die unermeßliche Vielseitigkeit und wohl auch Planlosigkeit des chemischen Probierens im Zuge der Phylogenie.

Für das Sich-Durchsetzen neuer Organismen sind sicher andere Charaktere von viel größerer Bedeutung als die Sekundärstoffe. Jedenfalls gibt es keinerlei exakte Beurteilung einer größeren Selbstbehauptung solcher Pflanzen, die an Sekundärstoffen reich sind. Und es kommt auf den Standpunkt an, ob man die Natur des Sperlings mit seiner bescheidenen Ausfärbung, seiner Anspruchslosigkeit, seiner physischen und psychischen Härte und seiner enormen Ausbreitung im Zuge der menschlichen Kultur über weite Teile der Welt großartiger findet als die der Paradiesvögel mit ihrem ungewöhnlichen Aufwand in Form und Farbe ihres Gefieders, einem Aufwand an sekundären Qualitäten, die die Ausrottung dieser ohnehin soziologisch spezialisierten Tiere zur Folge haben. Das, was wir als schön empfinden, ist nicht allein das Spiel der Natur mit Farben, Düften und Formen, sondern auch die Exaktheit der Mechanismen, die zur Erzeugung dessen führen, was unsere Sinne befriedigt. Und wir dürfen nicht übersehen, daß die Natur noch unendlich mehr schafft als was sie uns vorstellt: Alle ihre Schöpfungsspiele, die die Existenz der Lebensformen erschweren oder unmöglich machen, führen zu nichts Dauerhaftem. Und wahrscheinlich geht mehr unter, als unserer Beobachtung zugänglich bleibt. So ist die Welt der sekundären Stoffe nur ein Ausschnitt dessen, was die Natur chemisch kann, nämlich jener Ausschnitt, in dem die Spiele nicht zur Gefährdung der Existenz führen. Aber haben wir als Kinder nicht dutzende Male aus bunten Steinen Türme gebaut, die zusammenbrechen mußten? Und trotzdem hat die Phantasie sich unermüdlich an immer neuen Konstruktionen betätigt und einige wenige davon sind geblieben.

LITERATUR

BERNFELD, P. (edit.): Biogenesis of Natural Compounds.
II. Edit. Oxford (Pergamon Press) 1209 p., 1967

FREY-WYSSLING, A.: Die Stoffausscheidung der höheren Pflanze.
Berlin (Springer) 378 S., 1935

HABERMEHL, G.: Chemie und Biochemie von Amphibiengiften.
Die Naturwiss. **56**, 615—622, 1969

LEDERER, E.: Odeurs et parfums des animeaux.
Fortschr. Chemie organ. Naturstoffe **6**, 114, 1950

LUCKNER, M.: Der Sekundärstoffwechsel in Pflanze und Tier.
Jena (VEB G. Fischer) 360 S., 1969

MOTHES, K.: Chemische Muster und Entwicklung in der Pflanzenwelt.
Die Naturwiss. **52**, 571—585, 1965

MOTHES, K.: Zur Problematik der metabolischen Exkretion bei Pflanzen.
Die Naturwiss. **53**, 317—323, 1966

MOTHES, K., u. H. R. SCHÜTTE (Herausgeb.): Biosynthese der Alkaloide.
Berlin (Deutscher Verlag d. Wiss.) 730 S., 1969

REICHSTEIN, T.: Cardenolide als Abwehrstoffe bei Insekten.
Naturwiss. Rdsch. **20**, 499, 1967

SCHILDKNECHT, H.: Die Wehrchemie von Land- und Wasserkäfern.
Angew. Chemie **82**, 17—25, 1970

ZENK, M. H.: Biochemie und Physiologie sekundärer Pflanzenstoffe.
Ber. Dtsch. Bot. Ges. **80**, 573—591, 1967

FSC
www.fsc.org
MIX
Papier | Fördert
gute Waldnutzung
FSC® C083411

Kolibri 360 GmbH
Ferdinand-Jühlke-Straße 7
99095 Erfurt, Deutschland
produktsicherheit@kolibri360.de